TODO o TEMPO do MUNDO

TODO o TEMPO do MUNDO

Aprenda a controlar sua experiência com o tempo e viva uma vida sem limitações

LISA BRODERICK

TRADUÇÃO
RICARDO GIASSETTI

LATITUDE°

TÍTULO ORIGINAL *All the time in the world: learn to control your experience of time to live a life without limitations*

Latitude é o selo de aperfeiçoamento pessoal da VR Editora

DIREÇÃO EDITORIAL Marco Garcia
EDIÇÃO Marcia Alves
PREPARAÇÃO Juliana Bormio
REVISÃO Laila Guilherme
DESIGN DE CAPA Lisa Kerans
PROJETO GRÁFICO DE MIOLO Meredith March
DIAGRAMAÇÃO Pamella Destefi

Dados Internacionais de Catalogação na Publicação (CIP)
(Câmara Brasileira do Livro, SP, Brasil)

Broderick, Lisa
Todo o tempo do mundo: aprenda a controlar sua experiência com o tempo e viva uma vida sem limitações / Lisa Broderick; tradução Ricardo Giassetti. — Cotia, SP: Latitude, 2022.

Título original: All the time in the world
ISBN 978-65-89275-24-4

1. Espaço e tempo 2. Percepção do tempo 3. Tempo - Aspectos psicológicos I. Título.

22-109693 CDD-153.753

Índices para catálogo sistemático:
1. Percepção do tempo: Psicologia 153.753
Eliete Marques da SIlva — Bibliotecária — CRB-8/9380

VR EDITORA S.A.
Via das Magnólias, 327 – Sala 01 | Jardim Colibri
CEP 06713-270 | Cotia | SP
Tel.| Fax: (+55 11) 4702-9148
vreditoras.com.br | editoras@vreditoras.com.br

Sumário

Prefácio por Don Miguel Ruiz vii
Introdução 1

PARTE UM: Atualize sua construção do tempo
Capítulo 1 O tempo como o conhecemos 7
Capítulo 2 Uma parte física: Gravidade, movimento e leis da física 18
Capítulo 3 Uma parte percepção: O mundo quântico 26
Capítulo 4 Como o invisível cria o cenário 37
Capítulo 5 O estado das ondas cerebrais na percepção concentrada 48

PARTE DOIS: Controle sua experiência de tempo
Capítulo 6 Meditação: Crie um estado de percepção concentrada 63
Capítulo 7 Imaginação: Experiencie sua vida antecipadamente 71
Capítulo 8 Trauma: Reverta o passado 78
Capítulo 9 Preocupação: Não deixe o futuro te atrasar 88
Capítulo 10 Foco: Estique o tempo 94
Capítulo 11 Pensamentos: Tenha *insights* quando precisar 99
Capítulo 12 Telepatia: Chegue aos outros rapidamente 104
Capítulo 13 Supervisão: Verifique imediatamente o que é mais importante 109
Capítulo 14 Amor: Use a gravidade metafísica 114
Capítulo 15 Morte: Nunca fique sem tempo 120
Capítulo 16 Imortalidade: Transcenda o tempo 128
Capítulo 17 Sugestão de uma prática diária para transcender o tempo 134

Conclusão 137
Agradecimentos 139
Apêndice A: Ciência adicional 140
Apêndice B: Uma compilação de práticas 149
Notas 165

Prefácio

por Don Miguel Ruiz

Escrevo sobre como as pessoas podem conhecer melhor a si próprias há quarenta anos. Tive a sorte de ter meus livros publicados e de palestrar para inúmeras pessoas que acabaram tendo suas vidas transformadas.

Mas foi apenas recentemente, após uma de minhas experiências de quase morte, que passei a ajudar as pessoas a entender não apenas *quem* elas são, mas *o que* elas são. Porque, como Lisa Broderick diz neste livro, quando entendemos verdadeiramente o que somos, podemos encontrar a fonte do nosso extraordinário poder pessoal. Então podemos viver uma vida plena e livre.

Com base em suas experiências, algumas das quais se relacionam com sua própria experiência de quase morte, Lisa foi capaz de apontar o que muitas pessoas tentavam tirar de sua cabeça e nunca mais pensar nisso. Ao colocar tudo no papel e registrar sua vivência como um acadêmico ou um cientista faria, Lisa revelou ao mundo muitos conceitos e explicações profundas. Ela é capaz de descrever o que nos acontece enquanto criamos a realidade de nossa vida aqui na Terra, de onde viemos e no que podemos nos transformar quando superamos nossos medos. Escrevi em meus livros que a morte não é o maior medo das pessoas; o maior medo é estar vivo e ter a coragem de expressar o que realmente somos.

Quando experimentei meu segundo encontro de quase morte — um ataque cardíaco em 2002 —, fiquei intrigado com o que aconteceu.

Para mim aquilo foi um presente, a grande oportunidade de compartilhar com todos como se libertar do corpo, como se separar do corpo.

Eu sabia como compartilhar essas coisas porque aquela não foi a minha primeira experiência. No final da década de 1970, eu dirigia meu Fusca e cometi um erro comum a muitas pessoas: bebi demais. Eu era um estudante de medicina prestes a me formar. Estava nos arredores da Cidade do México e, bêbado, decidi voltar dirigindo para casa, uma péssima decisão.

De repente, perdi o controle do veículo, bati em um muro de concreto e meu carro foi destruído. Inexplicavelmente, vi toda a experiência, e vi meu próprio corpo ao volante. Naquele momento eu soube que, sem dúvida nenhuma, eu havia deixado meu corpo físico.

Anteriormente, eu já ouvira falar sobre a ideia de que eu não era meu corpo físico, mas, desde o momento daquele acidente, aquilo não seria mais uma teoria. Para mim, passou a ser um fato.

Durante o acidente, observei meu corpo enquanto o carro se chocava contra o muro. Eu estava *dentro* do carro, mas estava *fora* do meu corpo físico. O tempo se tornou subjetivo. Tudo se movia tão lentamente que eu tive condições de fazer o que pensei ser a solução. Fui capaz de cercar meu corpo e protegê-lo antes da colisão, e meu corpo não sofreu nem um arranhão. Não fui muito além disso. Permaneci inconsciente até que meu corpo acordasse.

O que aconteceu depois do acidente foi curioso: a minha personalidade mudou completamente. A maneira como eu via a vida era bem diferente, porque, antes daquele acidente, tudo era muito importante, mas, depois, passei a achar tudo irrelevante. Comecei a estudar a sabedoria ancestral, primeiro com minha mãe, uma benzedeira, e depois com um xamã no deserto mexicano.

Minha carreira é uma tradição de família. Todos os meus irmãos são médicos. Um é neurocirurgião; o outro, cirurgião e oncologista.

Portanto, segui seus passos e também me tornei cirurgião. Continuei meus estudos, me formei e comecei a trabalhar, mas ainda tinha muitas dúvidas.

Minha mente queria entender *por quê.* Minha primeira pergunta era, bem, *O que eu sou?* Porque eu não sou um corpo físico, obviamente. É óbvio que eu não sou a minha identidade; que eu não sou o que eu acredito que sou. Eu não sabia o que eu era, e isso realmente me deixou apavorado. Conheço muitas pessoas que tiveram o mesmo tipo de experiência de quase morte, mas passaram a negar o que lhes aconteceu. Elas simplesmente deixaram isso para lá e se adaptaram à sua vida, pois acreditam que não podem mudá-la.

Bem, eu fui exatamente na direção oposta. Eu queria muito entender. E, mesmo quando me formei e passei a fazer parte da equipe do meu irmão como cirurgião, continuei muito interessado em saber como a mente funciona. Porque para mim, obviamente, havia uma separação entre o corpo, a mente e o que eu realmente sou. Eu queria muito entender a mente, pois achava que já entendia o corpo completamente, e o corpo é matéria. Mas a mente não é matéria, e é disso que Lisa fala neste livro.

Como médico, fiz muitas neurocirurgias. Foi uma época incrível, mas em certo momento acabei entendendo que a maioria das pessoas cria os próprios problemas físicos com sua mente. Com essa descoberta, fiquei ainda mais interessado em entender a mente humana. Então decidi mudar o rumo de minha carreira e não viver apenas a medicina. Eu segui a outra tradição de minha família, que é a tradição tolteca. A palavra "Tolteca" significa *artista.* Quando falo dos toltecas, na verdade estou falando de toda a humanidade, porque todos nós somos artistas.

Como artistas, a maior criação que fazemos é a história de nossas vidas. Frequentemente em nossas histórias, ninguém nos maltrata mais do que nós mesmos quando duvidamos de nossas capacidades e alimentamos nosso cérebro com negatividade e a ideia de que somos limitados. As pessoas não gostam de suas vidas e, portanto, vivem em um estado de inação no qual têm medo de estar vivas. Isso acontece porque estão criando sua vida através de seus pensamentos.

Enquanto isso, nosso cérebro processa tudo o que percebemos a cada momento. Os cérebros dependem do conhecimento e da necessidade de compreensão. Isso faz com que nossa parte física controlada pelo cérebro tenha medo de qualquer coisa que não entenda. Esta é a principal razão pela qual temos tanto medo do desconhecido, especialmente da morte — porque não entendemos o que acontece depois que um corpo morre.

Lisa explica que, como a realidade é somente o resultado de quem somos, nossos medos combinados com as histórias contadas repetidamente em nossa mente se tornam nossa criação; elas se tornam a nossa vida. Ela chama isso, de acordo com a ciência moderna, de *efeito do observador*.

Apenas quando não limitamos nosso cérebro a novas formas de pensar e perceber o mundo ao nosso redor é que nosso cérebro físico se livra do medo e nossas histórias são curadas.

A maneira de começar é ser impecável com as nossas palavras, porque elas são a expressão de nossos pensamentos. Elas têm o mesmo poder que os pensamentos têm de nos afetar e aos outros — elas criam nossa realidade.

Isso também significa que devemos agir e, ao fazer isso, expressar o que somos. Em meu livro *The Four Agreements* [*Os quatro compromissos*], explico que a ação é a vida plena. Você pode ter muitas grandes ideias, mas, se não agir sobre elas, não haverá manifestação, nem resultados, nem recompensa. Ao agir, somos levados à fonte de nossos próprios poderes.

E essa fonte pode ser encontrada quando amamos a nós mesmos. Quando fazemos isso, expressamos esse amor em nossas interações com os outros e recebemos de volta o que expressamos. Essa ideia é a mesma que Lisa descreve quando diz que a energia emana de nós. Se eu te amo, então você vai me amar. Se eu te insulto, você vai me insultar de volta.

Quando nos amamos verdadeiramente, nos aceitamos e mantemos nossos acordos com nós mesmos. Então a grande criação que faremos será a história de uma vida plena e livre.

A verdade é que nós não sabemos o que será do amanhã. Temos somente o momento presente para viver dentro do que Lisa chama de "o agora". Ao ler este livro, aprendemos que a dádiva é aceitar essa verdade e abraçá-la.

Quando fazemos isso, somos capazes de viver como se este fosse o único dia de nossa vida. Podemos planejar viver para sempre sem nos preocuparmos se nosso plano vai ou não dar certo. O que existe é somente o momento do "agora", e ele é a fonte de uma vida extraordinária. Você está pronto para entrar em contato com isso? Quando terminar de ler *Todo o tempo do mundo,* você já estará praticando isso e muito mais.

Introdução

Toda tecnologia avançada o bastante
é indistinguível da magia.

Arthur C. Clarke

Neste livro você encontrará uma descrição definitiva de como o tempo funciona para que possa aprender a controlá-lo sozinho.

Não se trata de ficção científica, mas de ciência. Muito tempo atrás, Einstein provou que o tempo se estica como um elástico. As pessoas comuns aceleram e desaceleram o tempo todo, geralmente sem nem perceberem.

E se você pudesse fazer o tempo passar mais devagar? E se você pudesse esticar e dobrar o tempo quando quisesse?

A ciência básica nos ensina que o tempo anda para a frente, sem exceções. Nós vemos o desenrolar de nossa vida como uma realidade linear, à mercê de eventos que estão além do nosso controle.

Mas há outro jeito de vivenciar o tempo. Há algo que desafia a lei de causa e efeito da física na qual a ciência confia para explicar o tempo. Os cientistas a chamam de teoria quântica. Com os princípios da mecânica quântica, podemos visualizar a noção humana do tempo de uma maneira diferente, segundo a qual o tempo é menos limitado do que imaginamos. Nós podemos ter vidas nas quais praticamente tudo pode acontecer. Vidas livres de limitações.

Assim, além de falar do tempo, este livro também falará da natureza da realidade através das lentes do que a ciência atual está descobrindo sobre o tempo. Ao fazermos perguntas como *De onde vêm os pensamentos?*

ou *Como saber o que é real?*, começamos a perceber que tempo e realidade são apenas percepções. Nós fingimos que os relógios nos mostram algo real, mas eles não mostram. Continuamos fingindo, porque, quando mexemos nas cordas de nossa noção humana de tempo, todo o resto da realidade se revela, incluindo a matéria, o mundo, o universo — tudo. Quando paramos de fingir que o tempo é algo real, conseguimos acesso ao passado e ao futuro a qualquer momento. Este estado é caracterizado por certas ondas cerebrais e tem sido chamado de a *zona*, *fluxo* e de *o agora*. Isso é o que eu chamo de *percepção concentrada*. Nesse estado, é possível viajar no tempo para onde quisermos: você vai se ver afetando a si mesmo no passado, influenciando o seu futuro e escolhendo como experimentar o seu presente. Em certo sentido, todo o trabalho de transformação pessoal tem suas raízes no tempo. Quando controlamos o tempo, nos tornamos donos de nós mesmos.

Podemos chegar lá quando entendemos a ciência do tempo. Ao entendermos a ciência por trás do tempo, aprendemos que nossa experiência de tempo é parte física e parte percepção. A parte física se baseia na ciência de Einstein, na gravidade e na relatividade. A parte percepção é mais bem explicada pelos princípios da física quântica. Esta é a minha teoria sobre como o tempo funciona, que podemos chamar de "teoria de tudo" do tempo.

Enquanto estamos acordados vivendo nossa vida cotidiana, cada um de nós existe em uma realidade física que às vezes contradiz nossas percepções. Todos nós já tivemos aquelas experiências de estranhas coincidências, aqueles acidentes impossíveis de explicar, aqueles momentos duvidosos de "...será que eu vi mesmo isso?". Recentes descobertas sugerem que nossas percepções podem ser tão importantes quanto nossa realidade física.

Ao mudarmos a parte que podemos controlar — nossa percepção —, também podemos mudar nossa experiência de tempo. Imagine se fosse possível sair da linha do tempo intencionalmente e mudar seus pensamentos para outro momento em que algo que você quer muito já aconteceu ou quando algo que você quer que aconteça ainda não ocorreu.

Ao começar a usar as práticas deste livro, tal como desacelerar o tempo e reverter o passado, você desenvolverá sua capacidade de viajar no tempo através de suas percepções. Essas práticas alimentarão sua mente, estimularão seu cérebro para gerar ideias e soluções, e se tornarão uma fonte inesgotável de inspiração, intuição, *insights* e inovação. Sua realidade física e sua percepção se fundirão em uma realidade mais fluida e unificada, permitindo que você mude sua experiência de tempo — e sua capacidade de realizar o que é seu por direito.

Anos atrás, antes da morte de minha mãe, que era uma economista de mente aberta, perguntei a ela por que as pessoas liam livros de autoajuda. Sua resposta foi que talvez elas quisessem saber por que certas coisas aconteciam com elas. Achei a resposta muito inteligente.

Mais tarde percebi que não apenas as pessoas querem saber por que certas coisas aconteceram a elas (no passado), mas também porque querem influenciar o que ainda acontecerá para que possam criar o que quiserem (no futuro). Isso significa que nossa habilidade em influenciar nossa experiência de tempo também é essencial para criar a realidade que desejamos.

Um acidente na primeira infância — sobre o qual você lerá no capítulo 1 — mudou para sempre minha compreensão de tempo e espaço e me deu a capacidade de ver as coisas de uma maneira não linear. Uma espécie de cortina foi levantada, e eu vi um mundo influenciado por sutilezas, incluindo nossos próprios pensamentos, sentimentos e imaginação. Com isso, passei a pressentir mais, intuir mais e enxergar mais. Costumam chamar pessoas assim de "místicas". Mas agora essa denominação não precisa mais ser usada. Experiências como a minha podem ser vividas por todos nós.

Minha intenção ao escrever este livro foi dar aos outros a oportunidade de encarar a verdade como eu. A pergunta é: o que fazer a seguir? Você pode preferir simplesmente ignorar tudo e continuar como se nada tivesse acontecido. Ou pode permitir que o que está nestas páginas lhe sirva de inspiração para uma nova prática, uma nova percepção, um novo rumo na vida. Alterar sua experiência em relação ao tempo é teórica e praticamente possível — e tem sido minha própria experiência de vida. Também foi a experiência de muitos outros, cujas histórias pessoais e de vida você vai conhecer mais adiante. A sua pode ser mais uma delas.

Se você sente que os segundos estão escorrendo pelos seus dedos e que não há nada que você possa fazer, *Todo o tempo do mundo* vai libertá-lo da ilusão de que o tempo é seu inimigo. Em vez disso, como tantas pessoas cujas histórias compartilho aqui, você poderá usar o tempo como um aliado enquanto se torna um criador que confia em sua própria realidade. Você tem todo o tempo do mundo.

PARTE UM

Atualize sua construção do tempo

1

O tempo como o conhecemos

Vamos analisar rapidamente a vida nos tempos atuais. Antes da pandemia de 2020, muitos se sentiam sobrecarregados pelo ritmo do dia a dia. Na posição de amiga atenciosa que dá conselhos, percebi que, independentemente do cenário ou das atuais circunstâncias, a maioria das pessoas parecia estar com o mesmo problema: elas não tinham tempo suficiente para fazer o que precisavam.

E não é de admirar. Nossos dispositivos eletrônicos nos bombardeavam com informação e nos faziam sentir incapazes de lidar e controlar tudo. Muitas dessas informações eram notícias sem importância ou mensagens de marketing, então nem sabíamos como distinguir o que era real, muito menos como deveríamos agir. Toda semana ouvíamos falar de um novo massacre ou um novo recorde na categoria de desastres naturais. Os paradigmas estavam mudando virtualmente em todas as disciplinas, na física, na medicina, na cultura e em tudo o mais.

Então chegou a pandemia. As mesmas pessoas sobrecarregadas pela ocupação cotidiana alguns meses antes agora estavam sob o regime de se manter em casa, incapazes de cumprir suas rotinas habituais de comprar, trabalhar, socializar, estudar e se locomover.

Nos primeiros meses da pandemia, às vezes eu perguntava às pessoas sobre as suas experiências temporais, se elas sentiam alguma mudança. "Sim" era quase sempre a resposta. Antes da pandemia, o tempo parecia voar na velocidade da luz. Agora, alguns diziam, o tempo passava tão devagar que cada dia parecia levar uma semana. Outros diziam que o tempo parecia ter ficado nublado, como se os meses de confinamento parecessem não passar de um longo dia. E ainda outros diziam que ambas as percepções eram verdadeiras: que cada dia se parecia com uma semana, mas que as semanas pareciam passar como dias.

Embora a maioria estivesse feliz por poder passar tanto tempo em casa (no início), as pessoas também ficaram confusas. Por que agora o tempo parecia se comportar de maneira tão estranha?

Minha resposta era esta: o tempo não é o que você imagina.

Quer ele seja escasso para nós, quer ele não passe rápido o suficiente, o tempo é uma questão que ainda nos une a todos. Muitas vezes, ele é descrito como o único recurso não renovável do mundo: uma vez que passou, acabou, e não há nada que possamos fazer para mudar isso.

Ou será que há?

Minha experiência pessoal com o tempo mudou dramaticamente por volta dos meus quatro ou cinco anos, quando sofri uma queda quase fatal e atravessei o vidro de uma janela. Nossa família passava férias em uma cabana no norte do Arizona, e eu e minha irmã mais nova estávamos brincando de saltar em duas camas de solteiro. Em determinado momento, eu pulei muito perto da borda da cama. Ela deslizou no chão sob os meus pés, e eu fui arremessada através da janela. Minha mãe se lembrava de me ver voar pelo ar em câmera lenta. Eu quebrei a janela com a cabeça e meu corpo ficou metade dentro e metade fora da cabana, com o vidro quebrado do painel inferior da janela ainda dentro de mim. Antes de me levarem ao posto médico mais próximo, que me lembro ser um posto rural a quilômetros de distância, minha mãe ouviu de um médico que por acaso estava presente: "Acho que ela não vai sobreviver".

Embora eu não me recorde dessa conversa, me lembro muito bem de tudo — mesmo estando inconsciente. Eu me lembro de estar atravessada na janela e de ser colocada em uma van pela porta traseira. Da viagem pela zona rural até o consultório do médico. Eu me lembro claramente da sala onde fui operada. De estar olhando para baixo, vendo meu corpo. Não tenho uma lembrança clara do meu corpo ou da operação em si, mas lembro de olhar por uma janela atrás de uma prateleira de metal à minha direita, onde os suprimentos aparentemente eram guardados. Quando voltamos para casa, em Phoenix, eu me lembro que fiquei engessada da cintura até as axilas por meses.

Acabei me recuperando e voltei a ser a mesma menina cheia de vida de antes. Mas o modo como eu via o mundo mudou para sempre. Eu achava que tudo ao meu redor estava conectado, vivo e consciente. Costumava imaginar que tinha superpoderes e poderia fazer os relógios andarem mais devagar, e tive muitas experiências no que chamam de "a zona", que os atletas descrevem como uma experiência transcendental na qual sentem o tempo passar mais devagar. Quando jogava boliche, corria ou praticava atividades semelhantes, o tempo parecia mais vagaroso para que eu pudesse desempenhar essas atividades em um nível mais elevado do que de costume. Hoje, sabemos que "a zona" é a chave para picos de desempenho e vivência de nosso mais alto potencial. Para mim, essas experiências faziam com que me sentisse uma criança acima da média. Acontece que talvez eu estivesse certa.

Por volta dos oito anos, me lembro de estar jogando boliche com meu irmão mais velho. Estávamos em uma liga e jogávamos com bastante frequência, mas eu não era muito boa. Lembro, porém, que certa noite cheguei perto de fazer uma partida perfeita. Surpreendentemente, para resumir, parecia que toda bola que eu rolava na pista acabava provocando um *strike*[1], mesmo que eu as arremessasse com desleixo. Eu me lembro até de conferir se eu tentasse errar intencionalmente, mirar a bola para outra pista, só para ver o que aconteceria. Foram *strikes* atrás de *strikes* até as últimas jogadas quando, entre chocada e incrédula, eu não fiz mais *strikes* mas comecei a fazer *spares*[2]. Tudo isso ocorreu enquanto eu claramente experimentava uma sensação de atemporalidade durante a qual passei nitidamente por uma experiência transcendental.

Mais tarde, senti que poderia facilmente retardar o passar do tempo e muitas vezes pratiquei isso, chegando a lugares aparentemente muito mais cedo do que seria possível se tivesse caminhado ou dirigido fisicamente até lá. Muitos anos atrás, ainda no colégio, eu tinha de fazer um dos testes de aptidão escolar para admissão na faculdade. Eu estava atrasada naquela manhã quando saí, a cerca de cinquenta quilômetros de distância por uma estrada na montanha. E tinha menos de trinta minutos até o início da prova — era impossível chegar antes que as portas se fechassem. Em vez de me preocupar com o atraso, porém, eu me concentrei em me visualizar sentada em minha carteira no horário correto. Entrei em meu carro e fiquei repetindo a mesma cena: eu entrando pela porta com o relógio na parede exibindo a hora exata que eu precisava. Mais tarde, entrei caminhando pelas portas da escola até a sala e me sentei bem a tempo para a prova.

Em todas essas ocasiões, eu raramente contava a alguém o que acontecia, pois me sentia desconfortável em compartilhar essas histórias com minha família ou amigos. Eu pensava que me achariam esquisita ou louca. Às vezes, ainda criança, inventava algum evento

---

1 *Strike* é um termo do boliche usado quando o jogador elimina todos os dez pinos já em sua primeira jogada.

2 *Spare* é um termo do boliche usado quando o jogador elimina todos os pinos em sua segunda jogada.

milagroso, como, por exemplo, que eu podia voar ou que o tempo tinha parado. Mas os adultos ao meu redor chamavam isso de pensamento mágico, que muitas vezes acontece na mente das crianças. Além disso, a memória é uma coisa problemática. Não há como saber o que realmente aconteceu, pois as recordações naturalmente mudam, se duplicam e se distorcem ao longo do tempo.

Mesmo assim, eu queria entender por que minhas experiências com o tempo pareciam diferentes das dos outros à minha volta. Após décadas de pesquisas em textos antigos, escolas místicas e práticas espirituais esotéricas, descobri que minhas lembranças das experiências que tive não eram novidade nem incomuns: há milhares de anos antigas tradições espirituais orientais já ensinavam a seus praticantes as mesmas coisas que eu por acaso vivenciei.

Sendo ocidental, no entanto, eu queria entender como essas experiências eram possíveis sob a égide da ciência e da lógica. Minha busca acabou por me levar à ciência moderna, e a linguagem da física me ajudou a explicar o que eu vivi ao longo de tantos anos. O que aprendi e descobri por meio da ciência é: o tempo é parte elemento físico e parte percepção, o que explica por que às vezes ele parece se estender ou encurtar como um elástico. A experiência do tempo, em parte, é controlada por nós.

O segredo é aprimorar sua habilidade no que eu chamo de *percepção concentrada,* que é um estado superior de consciência que pode acontecer a uma pessoa em diversos contextos diferentes, incluindo a prática de um esporte, passar por um grande perigo ou mesmo despertá-la intencionalmente por meio das práticas que descrevo neste livro. É um estado de percepção no qual sentimos uma concentração profunda, uma sensação de controle, uma falta de autoconsciência e uma autotranscendência. É também uma forma especial de experiência na qual o tempo não passa como de costume e normalmente diminui ou parece parar completamente. Descobrir que despertar esse estado nos permite, em resumo, transcender o tempo.

Você já deve ter vivido o tipo de percepção concentrada que resulta em estranhas experiências de tempo. Anos atrás, meu amigo Bill me contou que estava dirigindo em uma rodovia da Califórnia a cerca de 130 km/h, acompanhando o tráfego. Na pista à sua esquerda, ele viu uma mulher em um carro na mesma velocidade. À sua frente, viu um enorme pneu se soltar da traseira de um caminhão, saltar três vezes, atravessar o para-brisa dela e matá-la, tudo em câmera lenta. Enquanto isso, de acordo com sua percepção, ele teve todo o tempo do mundo para fazer o que precisava ser feito. Enquanto o outro veículo girava sem controle, Bill manobrou para o acostamento e evitou uma colisão. Sua experiência de perigo de vida pareceu fazer com que o tempo desacelerasse dramaticamente para ele, a ponto de ser capaz de salvar sua vida.

Possivelmente, o tempo também pareceu parar em alguma experiência similar de perigo que você viveu ou enquanto você estava perdido em uma memória maravilhosa, olhando as ondas na praia, segurando seu filho recém-nascido no colo ou no fluxo do seu trabalho.

Em todos esses casos, esse estado de percepção concentrada produziu sentimentos de transcendência temporal. O que eu quero dizer com transcendência temporal? É um estado muitas vezes caracterizado por uma concentração profunda, uma flutuação emocional, uma sensação de controle, uma falta de autoconsciência ou um senso de autotranscendência. Muitas pessoas chamam essa experiência de "a zona", "fluxo", "o agora", "viver o momento presente", ou simplesmente "presença".

Em geral temos essas experiências de maneira espontânea, possivelmente disparadas por certas circunstâncias como uma experiência de quase morte (como a que eu tive), perigo extremo (como a de Bill), amor extremo (uma epifania espiritual ou segurar seu filho recém-nascido) ou extrema concentração (como em uma quadra de basquete).

Mas, além de esperar que essas experiências aconteçam em momentos imprevisíveis, de perigo ou de concentração, quero mostrar a vocês como criar essa sensação de transcendência quando quiserem. O caminho para fazer isso é mudar uma parte da equação do tempo que você controla: sua própria percepção. Com práticas simples, que qualquer um pode aprender, você pode chegar a transcender o mostrador do relógio e sua ideia defasada de tempo.

Independentemente do que qualquer um possa pensar, a questão é: eu descobri que mudar a ideia da construção do tempo desbloqueia nossa transformação pessoal — e nos permite dar um "salto quântico" à frente em quase todas as áreas de nossa vida. Se o tempo *não* é infinitamente uniforme e linearmente para a frente, quem sabe não podemos esticá-lo e dobrá-lo o suficiente para que atenda às nossas necessidades pessoais? E se formos capazes de mudar nossa experiência de como o tempo corre no mundo físico — sem precisarmos construir uma máquina do tempo?

Conheci uma mulher há alguns anos em uma conferência repleta de pessoas fascinantes e bem-sucedidas. Ela mesma era altamente destacada em sua carreira. Engrenamos em uma conversa, e ela me disse que se sentia frustrada. Achava que seus sonhos de futuro eram contaminados por memórias de seu passado, e se sentia presa.

Com base nos princípios que você aprenderá neste livro, mostrei a ela como o tempo não existe da maneira como ela havia imaginado por toda a sua vida. O tempo não é linear ou constante, mas elástico — era algo com o que ela poderia interagir e até controlar sozinha. Expliquei como é possível torná-lo maleável, quando se conhece a ciência por trás do tempo. E, embora meu trabalho com ela fosse sobre transcender os mostradores de relógio, na verdade se tratava de uma transformação pessoal. Se continuasse a desperdiçar momentos de tempo paralisada por arrependimentos passados e por medo do futuro, não haveria mostradores de relógio parados o suficiente para que ela conseguisse chegar aonde queria.

Compartilhei com ela duas práticas específicas que lhe permitiram mudar sua percepção tanto de passado como de futuro, para que criasse o que quisesse em sua vida. Foi preciso prática e concentração, mas ela despertou mentalmente a ponto de ser capaz de se mover para além de seu passado e começar a controlar o modo como o mundo funciona de maneira profunda e significativa.

Isso a ajudou? Aqui está seu próprio depoimento:

> As práticas que Lisa me ensinou transformaram minha vida. As coisas que me bloqueavam perderam seu poder. As metas que pareciam tão distantes agora estão muito mais ao meu alcance. E a ferramenta de percepção concentrada me deixou muito mais produtiva no trabalho. Descobri que a percepção concentrada é o inverso do pânico. Ela reduz a passagem do tempo e libera o estresse, me deixando livre para realizar meus objetivos — e um número cada vez maior deles!
>
> A percepção concentrada também me tornou uma atleta melhor. Eu jogo tênis. Quanto mais eu foco a bola vindo em minha direção do outro lado da rede, mais tempo tenho para me preparar e me conectar. Além disso, quanto mais me concentro na bola, mais relaxada eu fico. Sinto que tenho todo o tempo necessário para acertar a bola com precisão. Essa aplicação prática serve para que eu me lembre de que tenho todo o tempo necessário em qualquer área da minha vida.
>
> Eu tive sorte. Conheci Lisa em um momento em que achava que a consciência era a resposta para todos os meus problemas, mas Lisa me deu a resposta de como usá-la corretamente.

Ela mudou sua percepção do tempo. Percebeu que não estava presa ao tempo, mas que era sua criadora e que realmente tem todo o tempo do mundo para fazer tudo o que quiser. Também tem ferramentas e estratégias práticas para garantir que as coisas aconteçam na hora certa, o que resulta em um profundo senso de conectividade e completitude. Ela está no caminho para a transcendência temporal.

Com todo o esforço que colocamos na gestão do tempo, temos de nos perguntar: *Afinal, por que o problema do tempo é tão importante para nós?* Acredito que seja importante porque queremos saber a resposta a uma pergunta fundamental: O que devo fazer *agora*?

Quando deixamos de ficar à mercê de um mostrador de relógio e descobrimos que é possível esticar e dobrar o tempo para atender às nossas necessidades pessoais, responder a essa pergunta fica muito mais fácil. Os que fazem essa pergunta recebem a resposta e, em seguida, usam essa resposta para levar uma vida com objetivo, significado e presença.

A teoria do tempo descrita neste livro e suas práticas têm me capacitado não apenas a saber o que devo fazer em todos os momentos, mas a *fazê-lo*. Isso é exatamente o que *Todo o tempo do mundo* vai ajudá-lo a fazer também. Talvez pela primeira vez tenhamos a chance de não apenas entender como a ciência vê o tempo, mas também de aplicar esses princípios científicos, mudar nossa vida e começar a fazer o que devemos fazer.

Obviamente, para chegar ao ponto em que eu pude "esticar o tempo" de forma confiável, como Einstein diria, precisei passar por uma experiência de quase morte, uma vida inteira me perguntando sobre o que causa o sentimento de atemporalidade e décadas de prática. Aqui, nestas páginas, eu filtrei tudo na forma de exercícios úteis que podem ser usados para concentrar sua percepção e mudar sua experiência de tempo. Funciona assim:

Parte 1: Atualize sua construção do tempo. O primeiro estágio não é uma prática, mas uma reconstrução da noção humana do tempo. Na Parte 1, você terá uma visão geral da evidência científica do motivo pelo qual o tempo não é imutável e linear no campo da experiência humana, como nós sempre acreditamos. Em vez disso, com base nessa evidência, minha teoria é que o tempo tem uma parte física e uma parte perceptiva. E, quando controlamos essa metade perceptiva da equação, mudamos nossa experiência temporal. Esta etapa é o alicerce de nossa jornada, porque, se continuar acreditando que o tempo é uma força linear imutável (apesar do que a ciência estabelece), você não terá sucesso nas práticas a seguir.

Volte por um momento à equação: o tempo é parte elemento físico e parte percepção. A parte física de nossa experiência temporal é caracterizada pelo mundo de Einstein, gravidade e relatividade, em que, como resultado de sua pesquisa e de muitos outros cientistas, agora entendemos que o tempo pode ser esticado, expandido e contraído como um elástico. A parte percepção do tempo é caracterizada pelo mundo misterioso, fantástico e "assustador" da teoria quântica, no qual praticamente tudo pode acontecer e a consciência causa o colapso da função de onda, um fenômeno que por si só pode ser a fonte da realidade (incluindo o tempo).

Não se trata de ficção científica. Isso é ciência. Eu acredito que essa equação de duas variáveis é uma nova construção do tempo que claramente descreve um princípio cientificamente válido para alongamento e dobra do tempo como desejarmos. No campo científico, uma teoria que combina as leis clássicas da física com a teoria quântica é chamada de teoria unificada, ou uma teoria de tudo. Podemos chamar a essa teoria de *teoria de tudo para o tempo*.

No entanto, como Carl Sagan disse, "Reivindicações extraordinárias exigem provas extraordinárias".[1] Assim, o material apresentado aqui foi analisado por cientistas renomados que me ajudaram a torná-lo o mais cientificamente rigoroso possível — com a ressalva de que a questão sobre o que é o tempo e como ele funciona continua sendo o maior problema sem resposta na física atual.

Parte 2: Controle sua experiência de tempo. Depois que você atualizar sua noção de construção do tempo, poderá começar a concentrar sua percepção, mudar sua experiência de tempo e até mesmo controlar o tempo do relógio. Essas habilidades podem estar além do normal ou do esperado, mas não são sobrenaturais nem mágicas — elas ainda fazem parte de nossa capacidade humana natural. Você vai aprender como a transformação pessoal está enraizada no tempo — caso esteja condicionado por experiências passadas, com dificuldades em se manter no momento presente, ou querendo manifestar o futuro que deseja. Conforme aprender essas práticas simples, que vão ensiná-lo a permanecer no estado de percepção concentrada no qual o tempo se estica e se curva em meio à correria da vida cotidiana, você talvez descubra que o tempo não é mais um inimigo.

Não estou prometendo que você nunca mais vai se atrasar para um compromisso ou nunca mais vai perder o prazo de um projeto. Mas você talvez entenda que "estar em dia" pode ter outro significado. Talvez também aprenda a procrastinar menos, a pensar mais claramente e a ter mais calma para que não apenas desperdice menos tempo, mas literalmente transcenda o tempo.

Este livro contém a ideia de que finalmente chegou a hora. Culturas antigas ensinaram noções semelhantes por milênios. Ao dominar as práticas deste livro, que combinam ciência com transformação pessoal, você construirá uma consciência do tempo que transcende os mostradores de relógio. Livre-se da ilusão de que o tempo é seu inimigo e aprenderá que ele pode ser um aliado para que você tenha todo o tempo do mundo e faça o que deve ser feito.

Já estava na hora de você saber a verdade sobre o tempo — e como ter controle sobre ele.

2

Uma parte física

Gravidade, movimento e leis da física

O tempo é provavelmente o maior problema da vida, e também é o maior problema da ciência atual. Os físicos simplesmente não compreendem o que ele é, ao menos parcialmente, porque ele não se comporta da mesma maneira em circunstâncias diferentes. Nós sabemos que o tempo tem um componente físico que pode ser medido pelos cientistas. Por exemplo, o movimento de um relógio mede a passagem do tempo, e o movimento da Terra impulsiona o tempo adiante, com os dias de vinte e quatro horas e as estações do ano. Nesse cenário, o componente físico do tempo pode simplesmente ser definido como a nossa experiência de movimento no espaço. Sentimos o tempo fisicamente, porque sentimos a nós mesmos e outras coisas em movimento ao nosso redor. Isso é obviamente verdadeiro quando entendemos que em um local da Terra é dia e em outro é noite. O tempo não é o mesmo em Nova York e em Sydney, porque a Terra está em movimento.

Por ser uma realidade na Terra, o tempo é afetado pelas leis da física, sendo a gravidade a mais famosa delas. O movimento de quase tudo o que existe no mundo, desde a força que prende os objetos ao planeta, é regido pela gravidade. A gravidade é um subproduto da matéria e do espaço. Na verdade, a matéria gera gravidade. A gravidade é responsável pelo movimento da Terra em torno do Sol, e da Lua em torno da Terra. A gravidade é, ao menos parcialmente, a responsável pela passagem do tempo.

O tempo também é relativo. Há mais de um século, aos vinte e seis anos, Einstein publicou sua seminal teoria da relatividade especial.[1] A genialidade da ideia de Einstein era esta: o tempo passa de forma diferente para um objeto em movimento em relação a um objeto que se move a uma velocidade diferente, como se fosse um elástico. Especificamente, quanto mais rápido o movimento pelo espaço, mais lentamente o tempo passa para ele em relação a outro que se move mais devagar. Por exemplo, se você for para o espaço, viajar algum tempo em velocidades próximas à da luz e então retornar, da sua perspectiva você experimentará a passagem do tempo normalmente. Mas, ao voltar para a Terra, os relógios daqui exibirão um tempo mais adiante no futuro do que o seu. De certa forma, o tempo terá passado mais vagarosamente para você em relação aos que ficaram na Terra.

Uma década depois, Einstein publicaria sua teoria da relatividade geral para mostrar que a passagem do tempo também é afetada pela gravidade. Se você sair para o espaço e se encontrar perto de uma fonte de gravidade potente — como um buraco negro —, experimentará a passagem do tempo normalmente. Mas, ao entrar no buraco negro, você enfrentaria efeitos teoricamente aterrorizantes. Ainda, da perspectiva de outros na Terra, vivendo em uma gravidade mais fraca do que a sua, você seria visto como em câmera lenta e talvez até parecesse estar parado antes de chegar ao buraco negro.[2]

Muitas pessoas sabem que, quanto mais perto de um buraco negro, mais o tempo é alterado em relação aos relógios que não estão perto de um buraco negro. Mas o que elas talvez não saibam é que esse fenômeno, conhecido como "dilatação temporal", também acontece na Terra. Graças aos relógios atômicos, pesquisadores registraram que até a menor diferença, como um metro na altitude da Terra, pode afetar a passagem do tempo.[3] Em outras palavras, ao colocar um relógio altamente preciso no alto do Evereste e outro em Los Angeles, com o passar do tempo os dois relógios apresentarão horários diferentes.

Além do componente físico, o tempo também pode ser medido pela nossa *percepção* de sua passagem. Frequentemente chamado de "tempo subjetivo", esse aspecto do tempo também tem sido exaustivamente estudado.[4] Por exemplo, a maioria dos adultos diria que à medida que envelhecem o tempo parece passar mais rápido. Os verões duram para sempre quando somos crianças; quando adultos, os anos passam em um piscar de olhos. Um pesquisador da Universidade de Duke recentemente teorizou que a razão de termos lembranças mais duradouras de nossa infância do que na vida adulta se deve ao fato de que nosso cérebro processa as imagens mais devagar à medida que nosso corpo envelhece.[5] Como as imagens da nossa juventude foram processadas mais rapidamente, então existem mais delas para nos lembrarmos, o que gera o efeito de alongamento da noção da quantidade de tempo que temos sobre elas. Em contraste, como a capacidade do nosso cérebro de processar imagens se degrada com o tempo, temos menos imagens para nos lembrar de nossa vida adulta, o que gera a sensação de que estamos pulando de uma memória para outra rapidamente, como se o tempo estivesse mais acelerado.

O que tudo isso quer dizer sobre o tempo? Que o tempo não é o que nós achamos.

Mesmo depois disso, ainda tendemos a pensar que o tempo se propaga de maneira linear, previsível e sem exceções. Percebemos a passagem do tempo à medida que avançamos por uma série de momentos que, quando vivenciados, irreversivelmente se tornam o passado. Como uma flecha atirada, acreditamos que o passado está atrás de nós e não pode ser mudado, e que o futuro está à nossa frente e não podemos ter certeza dele. Mas essa crença sobre o tempo nem sempre foi assim.

No livro *The Fourth Turning*, William Strauss e Neil Howe apresentam uma explicação útil de como nossa construção do tempo se desenvolveu historicamente. Para resumir, os humanos já vivenciaram o tempo de três maneiras distintas:[6]

1. *Caótica.* Inicialmente, antes de formarmos grupos sociais há centenas de milhares de anos, os humanos viam o tempo de maneira caótica. Todo evento era aleatório; não havia causa ou efeito, nem harmonia ou razão.
2. *Cíclica.* Mais tarde, quando grupos sociais se desenvolveram — possivelmente quarenta mil anos atrás — e quando começamos a entender um pouco mais a natureza, víamos o tempo como cíclico. O tempo progride em ciclos eternamente repetitivos, conforme os movimentos do Sol (dia), da Lua (mês), do zodíaco (ano) e assim por diante, refletindo-se na vida humana diária, mensal e sazonal.
3. *Linear.* A ideia do tempo como um "drama unidirecional" foi plenamente adotada no século XVI, quando a maior parte do mundo mudou seu modo de ver o tempo como uma progressão indefinidamente adiante, ou o que os autores chamam de "progresso histórico".

Não deveria ser surpresa que nossa construção de tempo tenha se alterado ao longo dos séculos; parece natural, pois estamos sempre aprendendo mais sobre o universo e a realidade do tempo. Isso também significa que, quanto mais aprendemos sobre o tempo, mais provável é que nossa construção de tempo sofra novas mudanças.

Por que temos tanta certeza de que o tempo está avançando indefinidamente? Em seu livro *Until the End of Time,* o físico Brian Greene explica como essa direção uniforme e unidirecional que atualmente associamos à progressão do tempo rumo ao futuro está ligada à segunda lei da termodinâmica e à ideia da entropia.[7] A ideia da entropia diz que as coisas materiais sempre se dispersam, decaem e ficam cada vez mais desordenadas — pelo menos os objetos físicos que podemos sentir. Como resultado, já que sempre vemos o gelo derreter, o vapor se dispersar, seres vivos crescerem e envelhecerem e as coisas em geral mudarem ao longo do tempo de um estado ordenado para outro desordenado, é fácil para nós presumir que o tempo sempre se move para a frente.

Um cientista pode pensar que as leis da termodinâmica são imutáveis, que são fatos comprovados sobre o modo como o universo funciona, não sujeitas a dúvidas ou perguntas. Mas mesmo os físicos diriam que as leis da termodinâmica existem para gerar previsões sobre como as coisas se movem em nosso mundo material. Essas leis descrevem nosso mundo físico extremamente bem ao empregarem simplificações convincentes de como as coisas funcionam, mas, não obstante, elas realmente são simplificações e interpretações. Greene usa como exemplo um motor a vapor: ele alega que, embora seja possível generalizar o modo como as moléculas de água se comportam quando aquecidas, não podemos, mesmo com os computadores mais sofisticados, prever o movimento de cada molécula de água à medida que se transforma em vapor. Foi assim que a ciência das previsões estatísticas ganhou destaque.[8] Ao olharmos para amplas populações de coisas em vez de coisas individuais, os resultados podem ser previstos com bastante precisão. O poder preditivo da matemática de grandes números também é o motivo pelo qual os cassinos têm bastante certeza de que vão ganhar muito dinheiro, mesmo que algumas pessoas façam o *jackpot*, e é por isso que as leis da física, como a entropia, parecem imutáveis e irreversíveis. Afinal, pergunta Greene, quem já viu um vidro quebrado se juntar novamente?

Porém, há um problema. Apesar da suposição da irreversibilidade, toda área de maior abrangência da ciência, incluindo a física de Newton, o eletromagnetismo de Maxwell, a relatividade de Einstein e a física quântica de Bohr e Heisenberg, é baseada em equações matemáticas que não requerem que o tempo ande para a frente para funcionar. Em outras palavras, as equações científicas que governam nosso mundo independem da direção do tempo. Isso sugere que essas equações fundamentais funcionariam da mesma maneira se o tempo corresse para trás.[9] Até os físicos afirmam ser possível que a entropia diminua por conta própria, o que significa que algo poderia passar do estado de desordem para o de ordem e se juntar novamente, mesmo que seja algo excepcionalmente improvável.[10] Para mim, isso coloca em jogo a questão sobre a imutabilidade e a irreversibilidade da entropia e, consequentemente, a ideia de que o tempo sempre se move para a frente.

Para diversão e reforço do argumento, aqui estão algumas teorias da física moderna que desafiam a inevitável marcha do tempo adiante:

Buracos de minhoca, ou *wormholes*. Em 1935, Albert Einstein e Nathan Rosen descobriram o que viriam a ser chamadas de "pontes Einstein-Rosen" e ficariam conhecidas como "buracos de minhoca". Buracos de minhoca são distorções no espaço-tempo, como descritas nas equações de gravidade de Einstein. São como atalhos no espaço que ligam locais fisicamente distantes. Ao posicionar uma das aberturas de um buraco de minhoca perto de algo cuja gravidade crie uma dobra no tempo, como um buraco negro, então os dois "corredores" não progrediriam no tempo na mesma velocidade, permitindo viagens de ida e volta para o passado ou para o futuro.[11]

Incerteza quântica. No âmago da teoria quântica vive a incerteza quântica, que afirma que há um limite para quanto podemos saber com certeza sobre a matéria na escala de átomos ou partículas subatômicas. O melhor que podemos esperar dessas hipóteses é calcular as chances matemáticas, ou a probabilidade, de quando e onde algo estará e como vai se comportar. A incerteza quântica corrobora a imprevisibilidade da física, sugerindo que praticamente tudo pode acontecer a qualquer momento se você esperar tempo o suficiente.[12]

Multiverso. Também vinda da teoria quântica, a ideia de multiverso sugere que um número infinito de mundos existe e que uma nova bifurcação surge a cada decisão tomada. Como coisas diferentes acontecem em cada universo, essa teoria resolve o chamado "paradoxo do avô", uma objeção clássica à viagem no tempo. O paradoxo do avô afirma que, se você voltasse no tempo e matasse seu avô antes de seu pai nascer, então primeiramente você não existiria e não poderia matá-lo. A teoria do multiverso resolve esse paradoxo no qual você poderia matar uma cópia do seu avô em um universo alternativo e, portanto, ainda assim ter nascido em seu próprio universo (sem abordar a questão de como você inicialmente viajaria entre universos).

Entrelaçamento quântico. O processo quântico de entrelaçamento diz que partículas podem se entrelaçar umas com as outras e agir como se estivessem conectadas, mesmo que separadas por grandes distâncias. Isso significaria que as partículas poderiam viajar rápido — na verdade, mais rápido que a velocidade da luz. Se partículas podem viajar mais rápido que a velocidade da luz, então elas presumivelmente poderiam viajar através do tempo, também tornando a viagem no tempo possível.

Com a exceção dos buracos de minhoca, essas teorias desafiam a marcha do tempo para a frente, pois todas confiam em um ramo da física chamado física quântica. A física quântica explica o comportamento das menores coisas conhecidas, tais como átomos e partículas subatômicas.

Em razão da escala minúscula e microscópica do mundo da física quântica, a matemática é usada para prever o comportamento do "quanta", que são ínfimos conjuntos de energia eletromagnética. No mundo quântico, energia e matéria não seguem as mesmas regras que as coisas que podemos ver, sentir e pegar. E isso nos leva à parte da percepção temporal, mais bem explicada pelos princípios de física quântica.

3

Uma parte percepção

O mundo quântico

Centenas de anos atrás, antes que se descobrisse o mundo quântico, físicos clássicos como Galileu e Newton estudavam a natureza da energia no tempo e no espaço. Eles queriam delinear as leis de alta precisão que poderiam prever o que aconteceria no mundo das coisas que podemos ver e tocar. Mais tarde, cerca de um século atrás, com equipamentos poderosos o suficiente, os físicos começaram a estudar partículas não visíveis a olho nu nos níveis ínfimos dos átomos e passaram a ser chamados de "físicos quânticos". Do outro lado do espectro, astrofísicos estudavam grandes corpos no espaço, como galáxias e seus aglomerados, seus movimentos e campos gravitacionais, e como eles afetam outros grandes corpos ao seu redor. Em certo sentido, tanto astrofísicos como físicos quânticos estudam partículas; acontece que um tipo dessas partículas é muito maior que a outra.

Mas o que *é* uma partícula? A ciência usa o termo livremente para descrever muitas coisas diferentes que tenham massa. Mas a verdade é que os cientistas não sabem bem o que é uma "partícula".[1] No microscópico mundo quântico, partículas são pontos materiais, e são fundamentais para que a matéria exista. Infelizmente para os cientistas, esses pontos materiais fundamentais que compõem a matéria não se comportam da mesma forma que os objetos relativamente maiores que podemos notar em nosso dia a dia, incluindo o mundo realmente grande de planetas e estrelas. Por razões que ainda não entendemos, o comportamento dessas partículas atômicas e subatômicas continua um mistério quando comparado aos grandes objetos da física clássica. Por exemplo, essas partículas microscópicas não parecem seguir as regras de causa e efeito normais. Elas podem estar em um lugar num instante e então ser encontradas em outro lugar no instante seguinte, sem nenhuma razão aparente. Na verdade, os pesquisadores têm sido incapazes de encontrar certezas no mundo quântico. Neste capítulo, resumirei alguns dos princípios-chave da física quântica que afetam nossa compreensão do tempo, mas, se quiser saber mais sobre a pesquisa por trás desses conceitos, consulte o "Apêndice A: Ciência adicional".

O efeito do observador

Este é um exemplo de como o mundo quântico pode ser fantástico. Em nosso mundo visível, ao atirar um projétil em um lago, ele atingirá a água. Ao atingir a água, ele causará ondas que se movem circularmente para longe do ponto de impacto do projétil, em círculos concêntricos cada vez maiores, que acabarão chegando às bordas do lago. Se você atirar outro projétil *por cima* de um lago, ele voará pelo ar e eventualmente aterrissará em algum lugar da outra margem. Em ambos os casos, um projétil se moveu de um lugar para outro. Mas o projétil atirado sobre o lago não criou a mesma percepção visível de ondas que o outro atirado na água; em vez disso, ele pousou sobre o chão e ali ficou. Agora imagine que esse cenário se aplica a partículas subatômicas como os fótons (partículas de luz), e que um fóton é como um projétil, exceto que ele existe como um pequeno feixe de energia. Ele às vezes se comporta como o projétil atirado no lago, que cria ondas, e às vezes se comporta como o projétil atirado por sobre o lago, que não cria ondas.

Voltando no tempo antes da ciência quântica, os cientistas acreditavam que a luz tinha propriedades que só poderiam ser explicadas como ondas. Mais de cem anos depois, Albert Einstein provou que certas frequências da luz também existiam como "discretos feixes de energia", como partículas. Logo depois, experiências mostraram que a luz eventualmente podia se comportar como ondas e outras vezes como partículas. O comportamento dos fótons dependia do que os cientistas observavam ou mediam sobre eles. Porém, descobriram ser impossível observá-los como ondas e partículas ao mesmo tempo.

Algo acontecia quando os cientistas observavam os fótons: o ato causava uma mudança em seu estado. Como essas partículas podiam se comportar como partículas quando eram observadas e como ondas quando ninguém estava olhando? Diferentemente de um objeto visível, como um projétil, a existência dos fótons parecia ser um enigma: eles podiam ser tanto partículas como ondas, dependendo se estavam ou não sendo observados.

Esta talvez seja a mais fantástica das conclusões da teoria quântica. Fótons são fótons; eles não deveriam mudar magicamente de uma coisa para outra. Quer um cientista esteja ou não olhando para eles, isso não deveria fazer diferença. Ainda de acordo com essas experiências, na terminologia da física, a observação parecia causar o "colapso da função de onda" em uma partícula. Apesar de esse debate ter se iniciado com fótons, é importante notar que ele não se limita a eles. Experimentos semelhantes, sendo o mais famoso exemplo a experiência da dupla fenda (veja: Apêndice A: Ciência adicional), têm sido realizados com nêutrons a átomos e até moléculas maiores. A *dualidade onda-partícula,* na qual a observação causa o colapso da onda em partícula, parece controlar o comportamento da maioria das partículas básicas da natureza. Na verdade, todas as partículas subatômicas fundamentais,[2] incluindo aquelas que formam a matéria,[3] apresentam esse estranho comportamento de agir tanto como partículas como ondas.

Como resultado, os seres humanos foram introduzidos na mistura quântica como um fator do mundo físico científico e mensurável. Este fenômeno foi denominado de "o efeito do observador".[4] Ele se tornou um princípio da física quântica, sugerindo que a observação humana — em outras palavras, sua concentração em algo — tem algum papel na confecção da realidade. Essa descoberta estava evidenciada no mundo ao nosso redor, e também violava as leis da física clássica, o que a tornava impossível de ser ignorada. Quase um século mais tarde, não se trata mais de mera especulação. Há uma quantidade cada vez mais notável de evidências que mostram que o que acontece no mundo quântico microscópico também acontece em nosso mundo macroscópico cotidiano. Alguns pesquisadores interpretaram a fonte do efeito do observador como a consciência em si, e portanto a frase "consciência causa colapso" tornou-se, em alguns círculos, sinônimo do efeito do observador. Como Max Planck, um dos fundadores da teoria quântica disse, "Eu considero a consciência fundamental. Considero a matéria como derivada da consciência. Não podemos ficar atrás da consciência. Tudo sobre o que falamos, tudo o que consideramos existir, confirma a consciência".[5]

Sobreposição quântica

Se toda matéria em sua forma mais ínfima existe como possibilidade até que seja observada, cientistas teorizaram que, até que seja observada, existe em múltiplas possibilidades de lugar ao mesmo tempo.

Em 1935, um físico austríaco chamado Erwin Schrödinger criou um modo de ilustrar essa ideia usando algo maior que um fóton: um gato. Não se preocupe, foi um mero experimento teórico "intelectual" — nenhum gato vivo foi ferido em sua realização. Primeiro, imagine colocar um gato vivo em uma caixa ao lado de um dispositivo que poderia liberar gás venenoso. Se o gás fosse liberado, o gato morreria. Mas digamos que você jogue uma moeda para decidir se o gás será liberado ou não. Ao lançar uma moeda, há uma chance matemática de que em 50% das vezes o gás seja liberado, contra a mesma chance de que a moeda caia com a outra face. Então você abriria a caixa e olharia para ver se encontraria o gato morto ou vivo.

Se o gato não fosse um gato, mas sim uma partícula quântica, então, quando você abrisse a caixa, o simples ato de olhar para o gato diria se ele está morto ou vivo. Assim, de alguma maneira, da mesma forma como um fóton pode ser tanto uma onda e uma partícula até que seja observado, o gato estaria morto e vivo até que você abrisse a caixa para se certificar disso. A conclusão de Schrödinger foi, se aplicados os princípios quânticos nessa situação, de que o gato estaria em um estado que viria a ser chamado de sobreposição quântica, significando que estaria vivo e morto ao mesmo tempo. Essa conclusão incomodou muito os cientistas porque ia contra as regras de causa e efeito que supostamente governam o universo. Normalmente diríamos que, sendo ou não liberado o gás venenoso, o gato estaria vivo ou morto na caixa, quer pudéssemos vê-lo ou não. Esse famoso exercício mental é universalmente usado para iluminar o misterioso mundo da mecânica quântica, e ilustra bem como o mundo quântico se comporta fora das regras imaginadas para governar o mundo visível.

Entrelaçamento quântico

Ainda mais estranho, a física quântica também prevê que partículas podem se comunicar instantaneamente entre si, mesmo que estejam em lados opostos de uma sala ou nas extremidades do universo. Partículas conectadas dessa maneira são chamadas *entrelaçadas.* Funciona assim: digamos que você e seu amigo tenham dois baralhos de cartas muito especiais. A razão pela qual elas são especiais é que, toda vez que você vira uma carta, seu amigo vira outra, ao mesmo tempo, e vê exatamente a mesma carta que você. Se você vira um ás de espadas, no mesmo instante seu amigo vira uma carta e também vê um ás de espadas. Assim como o seu baralho de cartas especiais, os cientistas podem entrelaçar dois fótons e enviar cada um para um local diferente. Se um cientista mede alguma propriedade do fóton, como sua polarização, então outro cientista, em outro local, imediatamente vê a mesma coisa em seu outro fóton. É importante observar que o entrelaçamento nunca foi notado em outros tipos de partículas além dos fótons. O efeito do observador está em ação aqui, fazendo com que essas propriedades das partículas permaneçam desconhecidas até que sejam observadas. Os cientistas provaram que, mesmo separados por centenas de quilômetros, o que quer que aconteça com um dos fótons pode imediatamente influenciar o outro, quase como se fossem capazes de enviar instantaneamente sinais entre si.

Assim como tantos outros aspectos da física quântica, essa descoberta é um grande problema. Se partículas entrelaçadas são capazes de enviar instantaneamente sinais entre si, tudo o que está sendo comunicado entre elas parece estar viajando mais rápido que a velocidade da luz, o que, de acordo com a teoria científica, é algo impossível. Sem se intimidarem, cientistas estão trabalhando para provar que o entrelaçamento quântico continua presente em distâncias cada vez maiores, desafiando ainda mais nossas crenças sobre o mundo físico. Como ocorre o entrelaçamento de partículas, ou o que causa essa correlação "mais rápida que a velocidade da luz", ainda não foi explicado. Mas experimentos têm provado sem sombra de dúvida que *algo* está em ação para causar esse fenômeno. Embora Einstein tenha sido originalmente cauteloso, chamando a isso de "assustadora ação a distância", isto é um fato.[6]

A teoria de tudo

Neste ponto, aqueles de nós que não são físicos podem estar fazendo uma pergunta óbvia: Como partículas individuais subatômicas e microscópicas podem se comportar de forma tão diferente do que quando essas mesmas partículas estão agrupadas em grandes números na forma de matéria visível e macroscópica? A mecânica quântica, que governa o mundo microscópico, e a relatividade geral, que governa o mundo macroscópico, são ambas teorias incrivelmente bem comprovadas. E, enquanto ambas as teorias às vezes sugerem resultados peculiares que parecem ir contra a realidade aceita, quando rigorosamente testadas seus resultados sempre corroboram suas respectivas conclusões.

Ambas as teorias também afirmam que as mesmas quatro forças fundamentais afetam o mundo macroscópico dos objetos que podemos sentir, bem como o mundo microscópico das partículas quânticas. A *gravidade* é a força responsável por manter planetas e galáxias em seus lugares. A *força eletromagnética* liga os elétrons aos núcleos e liga os átomos às moléculas. A *força forte* liga os núcleos dos átomos e *quarks* entre si. E a *força fraca* provoca a lenta desintegração dos núcleos atômicos. Como as mesmas quatro forças podem estar em ação no que parecem ser dois mundos completamente diferentes?

Cientistas vêm tentando desenvolver uma teoria que explique essas quatro forças em relação às outras, de uma forma que se aplique tanto ao mundo micro como ao macroscópico. Essas tentativas de desenvolver uma teoria única que descreva com precisão o microscópico e o macroscópico são comumente conhecidas como a *teoria de tudo*, ou teoria unificada.

Einstein dedicou seus últimos trinta anos de vida trabalhando para conectar a gravidade, claramente em ação no mundo macroscópico da relatividade geral, com o eletromagnetismo[7]. Desde então, os cientistas continuaram essa busca e até agora conseguiram conectar as três forças não gravitacionais.[8] Embora seja um campo ativo de pesquisa, o esforço científico final de fundir todas as quatro forças ainda não foi alcançado. Se realizado, teria enormes implicações para aqueles interessados em mudar sua experiência de tempo. Seria o mesmo que sugerir que as leis da mecânica quântica têm efeitos mensuráveis em conjuntos de partículas maiores e macroscópicas no mundo visível, chegando a desempenhar um papel na composição da matéria e mudando a realidade de tempo. Teorias recentes estão cada vez mais conectando a gravidade com as outras três forças de maneiras tão ambiciosas que a expressão "gravidade quântica" se tornou sinônimo de "teoria de tudo". (Para mais informações sobre a pesquisa por trás da teoria de tudo, veja o Apêndice A: Ciência adicional.)

Dentre essas teorias científicas, duas se destacam. Uma é chamada de *teoria das cordas*, que funciona conforme seu nome e sugere que o universo é composto por dois tipos de pequenas cordas vibrantes: uma com duas extremidades soltas e outra fechada em um círculo. O modo como essas cordas se esticam, se conectam, vibram e se dividem corresponderia a todos os fenômenos da matéria no universo, incluindo o mundo macroscópico da relatividade geral e o mundo microscópico da teoria quântica. A outra teoria unificada é chamada de *gravidade quântica em loop* e sugere que o universo consiste em redes *loops* que se comportam de maneira quântica, inclusive sendo sujeitas à incerteza quântica.[9]

Além dessas teorias sobre como o universo funciona, pesquisadores também estão trabalhando na definição de uma teoria de tudo para tentar demonstrar que os princípios quânticos que regem o mundo microscópico também funcionam no mundo macroscópico. Por exemplo, os pesquisadores agora sugerem que o entrelaçamento quântico e os buracos de minhoca encontrados no espaço podem ser os mesmos fenômenos.[10] Outros pesquisadores realizaram uma experiência intelectual para explicar que a gravidade e a mecânica quântica podem ser conciliadas ao demonstrarem que a sobreposição quântica — lembra-se do gato de Schrödinger? — pode existir para coisas realmente grandes, como naves espaciais.[11] E por décadas os cientistas têm trabalhado para demonstrar que a consciência causa o colapso e que o efeito do observador existe também para coisas físicas que podemos sentir.[12] Com base no progresso implacável da ciência, experimentos quânticos com coisas maiores que partículas, baseados nas teorias quânticas, parecem ser inevitáveis.

Vamos fazer uma pausa para considerar as implicações do que já descobrimos até agora. Se o entrelaçamento quântico é real, e se existe matéria em estado de sobreposição até que seja observada, e se o observador efetivamente constrói a realidade, qualquer coisa poderia acontecer se esperássemos o suficiente. Ao considerar a soma total de pensamentos e intenções dentro da mente das pessoas, as possibilidades seriam infinitas. Um avião poderia pousar em seu quintal — o que não teria relação alguma com os picles que eu quero que apareçam no seu colo.

Então você poderia esticar e curvar o tempo — e é por isso que minhas duas partes na equação de como o tempo funciona são, em certo sentido, uma teoria de tudo. Teorias científicas que combinam a gravidade com a teoria quântica em uma teoria de tudo demandam observação — que eu chamo de percepção concentrada — para funcionar. O estado de uma partícula subatômica é indeterminado até que seja determinado por um observador externo — você. Isso sugere que a realidade, incluindo o tempo, é parte elemento físico e parte percepção. Ao controlar a parte da percepção na equação, você passa a controlar sua percepção de tempo.

Então, por que acontecer "literalmente nada" parece ser a regra vigente? Bem, talvez tudo aconteça com mais frequência do que imaginamos. Digamos que você deixou cair um copo e viu sua queda em câmera tão lenta que foi capaz de alcançá-lo facilmente antes que chegasse ao chão. Você provavelmente encontraria alguma razão lógica para explicar como aquilo aconteceu, acharia que foi algo estranho, seguiria com sua vida e se esqueceria do ocorrido. Ou poderia dizer para si mesmo: *Eu realmente presenciei isso? Isso não deveria ter acontecido*. Na maioria das vezes, não damos atenção a experiências como essa. Nós tentamos explicá-las. Por quê? Porque elas não se encaixam em nossa crença sobre a realidade. Mas cada vez mais os cientistas nos mostram que essas coisas realmente acontecem no mundo macroscópico. Winston Churchill supostamente comentou sobre seu adversário político, o primeiro-ministro Stanley Baldwin, dizendo que "de vez em quando ele tropeça na verdade, mas sempre se levanta, todo apressado, como se nada tivesse acontecido".[13] Poderíamos dizer o mesmo de nós quando temos experiências extraordinárias e passamos por elas como se fossem nada.

Outro termo para esse "tropeço na verdade" é o que os pesquisadores chamam de *atenção seletiva*. A atenção seletiva acontece quando nos concentramos em um evento para a exclusão de outros que ocorrem simultaneamente. Um excelente exemplo é o vídeo genial no qual um grupo de pessoas passa bolas de basquete umas para as outras.[14] No vídeo, os jogadores vestem camisas pretas ou brancas, e o narrador instrui o espectador a contar quantas vezes um jogador de branco passa a bola. Se você nunca viu esse vídeo, assista-o antes de continuar lendo. Alerta de *spoiler:* no final, pergunta-se ao espectador se ele viu um gorila. Espantosamente, alguém em uma fantasia de gorila passa pelo grupo de jogadores, para e bate em seu peito algumas vezes para a câmera e continua a caminhar. Mesmo assim, a maioria das pessoas (a menos que saiba que deve procurar por um gorila) não percebe a presença do gorila.

Este é um exemplo perfeito de atenção seletiva: não vemos algo tão grande e óbvio como alguém vestido de gorila porque nossa atenção estava em outro lugar e não esperávamos vê-lo. Porque não esperávamos vê-lo, nosso cérebro o apaga. Da mesma forma, se esperarmos que tudo o que vemos siga as leis materiais da física e se a mecânica quântica também opera em nosso mundo material, então podemos estar apagando o que realmente está acontecendo. Por que o avião não pousa em nosso quintal ou os picles não caem no nosso colo? Porque nós vemos o que esperamos ver. Quase sempre.

Embora muito disso ainda seja teórico, a pesquisa que aplica a teoria quântica ao mundo macroscópico pode sugerir que a mecânica quântica se aplica a toda a realidade — ao grande, ao pequeno e a tudo o mais que há entre um e outro. Nossas expectativas podem não se alinhar com a plenitude do que a ciência está revelando como possível e verdadeiro.

O oposto da atenção seletiva é que o que eu chamo de *percepção concentrada,* quando uma pessoa experimenta um estado mais elevado de consciência caracterizado por termos como *a zona*, *fluxo* e *o agora.*

No próximo capítulo, exploraremos mais evidências que mostram como é grande o papel que a percepção humana pode desempenhar em nossa experiência de tempo e nossa habilidade em influenciá-la e até controlá-la.

4

Como o invisível cria o cenário

Agora que sabemos que a realidade pode ser parte física e parte percepção, começamos a ver o gorila em toda parte. Por décadas, ramos da ciência moderna têm estudado a premissa de que forças invisíveis podem estar mudando o "cenário" com implicações excitantes.

Comunicação não verbal pode alterar correntes elétricas

Um dos maiores corpos de evidência envolve experimentos com geração de números aleatórios. Na década de 1990, Dean Radin e outros pesquisadores associados à Universidade de Princeton criaram um projeto que chamaram de Projeto de Consciência Global. Esse projeto de pesquisa tentou estabelecer se um grande grupo de pessoas — grande como o planeta Terra inteiro — poderia se comunicar sem utilizar meios físicos. Usando uma rede de computadores em todo o mundo, cada um executando independentemente geradores de números aleatórios, os resultados sugeriram que o comportamento dessa rede de fontes aleatórias mudaria de acordo com "eventos globais", tal como o Onze de Setembro, quando um grande número de pessoas provavelmente compartilhou emoções em comum. Embora os cientistas não soubessem exatamente como nem por quê, as emoções sentidas simultaneamente eram correlacionadas com números não aleatórios. que geravam sequências. A probabilidade de o efeito ser aleatório foi calculada em menos que um em um bilhão.

Ao longo de décadas de experiências semelhantes, mais de 350 testes individuais foram realizados. Enquanto o possível efeito apresentado em somente um evento individual pudesse ser minúsculo demais para suportar uma correlação, a combinação dos resultados de inúmeros testes foi mais significativa. De acordo com Radin e outros, essas correlações inicialmente inexplicáveis poderiam ser atribuídas a milhões de pessoas reagindo a eventos cataclísmicos registrados ao mesmo tempo que mudanças ocorreram em um equipamento totalmente previsível.[1] As críticas às descobertas do projeto incluíram dúvidas sobre qual tipo de evento seria considerado significativo o suficiente, sobre quais padrões de variações foram usados dentro dos dados aleatórios durante determinado evento e o fato de que as experiências não eram cegas, o que significa que elas não teriam uma versão paralela dos eventos no planeta, na qual os eventos cataclísmicos não teriam acontecido, para serem comparadas com as variações dos dados. Ainda assim, a pesquisa tem intrigado pesquisadores por anos com a dúvida sobre se as emoções podem afetar grandes populações e ter um efeito mensurável. De acordo com a ciência, qualquer coisa que seja mensurável é considerada "real".

O pensamento humano pode afetar outros pensamentos, sentimentos e comportamentos humanos

Em artigo publicado em 1990 no *Journal of the American Society for Psychical Research,* a teoria da "influência mental a distância" sugeriu que seres humanos podem influenciar a taxa de destruição, ou hemólise, de células sanguíneas — em especial as próprias células sanguíneas deles mesmos em tubos de ensaio.[2] Esse controverso estudo é parte do campo de pesquisa da psicologia interpessoal e da pesquisa associada ao que é normalmente chamado de *percepção extrassensorial*, ou ESP. O pesquisador que publicou esse estudo, William Braud, desde então lançou seus vinte anos de pesquisa na forma de uma compilação de artigos publicados originalmente em periódicos científicos entre 1983 e 2000.[3] A teoria de Braud sobre influência mental a distância sugere que, sob certas condições, é possível saber e influenciar pensamentos, imagens, sentimentos, comportamentos e atividades físicas e fisiológicas de outras pessoas e organismos vivos — mesmo quando o influenciador e o influenciado estão separados por grandes distâncias no tempo e no espaço, além do alcance dos sentidos convencionais. Como os modos normais de sensibilidade e influência foram eliminados desses estudos, suas descobertas podem indicar modos invisíveis da interação e da interconexão humanas além daquelas atualmente reconhecidas nas convenções científicas naturais, comportamentais e sociais.[4]

A percepção humana altera a realidade, incluindo a percepção do tempo

Os exemplos acima mostram evidências de que nossos pensamentos e intenções podem afetar certas formas da realidade física. Mas será que nossos pensamentos e intenções podem afetar o tempo, especificamente? A resposta parece ser sim, e é bem corriqueira.

Todos nós já ouvimos falar de atletas que entram em uma "zona" na qual ocorre seu pico de desempenho. Em sua autobiografia, *Second Wind: The Memoirs of an Opinionated Man,* Bill Russell, o lendário jogador de basquete profissional, pivô do Boston Celtics de 1956 a 1969, descreve um "sentimento místico" que parecia desacelerar a velocidade do jogo diante de seus olhos e criar uma espécie de mágica. Ele conta:

> Nesse estado fora do comum todos os tipos de coisas estranhas acontecem... Eu podia estar no máximo do meu esforço, correndo e cuspindo pedaços dos meus pulmões, e ainda assim nunca sentir dor. O jogo era tão rápido que cada drible, corte e passe deveria ser surpreendente, mas mesmo assim nada me surpreendia. Era quase como se estivéssemos em câmera lenta. Durante esses momentos enfeitiçados, eu quase podia prever como seria a próxima jogada e de onde ocorreria o próximo arremesso. Antes mesmo que o outro time entrasse com a bola no garrafão, eu podia sentir tudo tão intensamente que poderia gritar para meus companheiros de equipe "Vão arremessar dali!", mas eu sabia que tudo seria diferente se eu falasse. Minhas premonições sempre eram consistentes, e eu sentia uma conexão não apenas com todos os Celtics, mas também com os adversários, e que todos eles sentiam o mesmo.[5]

Muitos outros atletas descrevem o mesmo estado de quase transe, no qual ficam imersos em seus pensamentos a tal ponto que a velocidade do tempo diminui. A situação diante deles se passa em câmera lenta: pura experiência, sem pensamentos conscientes.

Como atletas como Bill Russell são capazes de entrar nesse tipo de estado em que o tempo é retardado e no qual percebem o que vai acontecer antes que aconteça, e conseguem realizar feitos extraordinários? Muitas teorias e estudos têm se dedicado a esse fenômeno de "desaceleração" e "aceleração" do tempo. Você já adormeceu e sonhou pelo que pareceram horas, mas, quando acordou, percebeu que dormiu por apenas um minuto ou dois? E quando você está imerso em pensamentos ou em um projeto e, ao olhar no relógio, nota que as horas passaram sem você perceber? Em seu livro *Flow: The Psychology of Optimal Experience,* Mihaly Csikszentmihalyi identifica uma dimensão de superação da experiência humana que é reconhecida por pessoas do mundo todo, independentemente de cultura, gênero, raça ou nacionalidade. Ele chama isso de *fluxo,* o produto do alto desafio e da alta capacidade de atender ao desafio (veja a imagem abaixo). Suas características incluem concentração profunda, alta eficiência de desempenho, vivacidade emocional, senso de domínio intensificado, falta de autoconsciência e transcendência pessoal.[6]

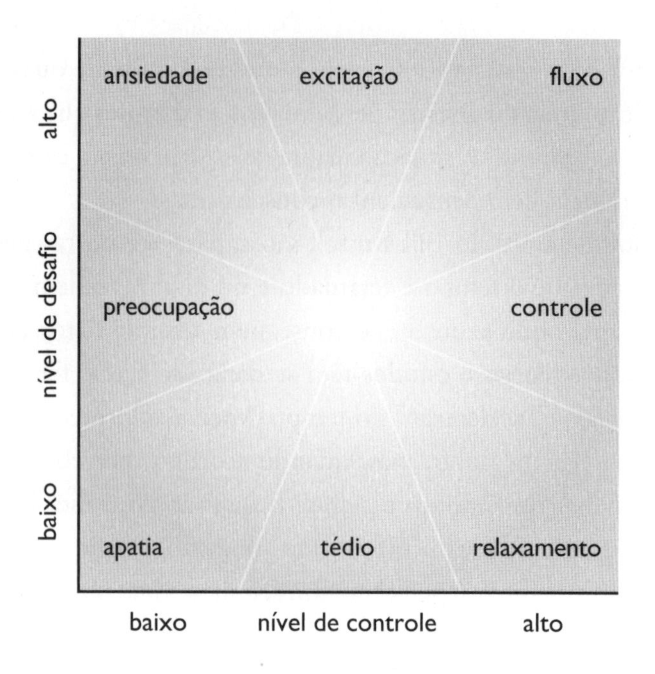

Fluxo: O produto do alto desafio e alto controle para atingir a desafio. Adaptado com permissão de Mihaly Csikszentmihalyi, *Flow: The Psychology of Optimal Experience,* (Nova York: HarperCollins, 2009).

Outros se referem a esse estado de fluxo como estando na zona, no momento presente ou no agora. É um estado de percepção no qual o tempo parece funcionar de maneira diferente da que estamos acostumados. Pesquisas mostram que estar atento ou atenciosamente concentrado no momento presente, no "agora", pode desacelerar a percepção de tempo do nosso cérebro, sugerindo que podemos desacelerar nossa experiência de tempo ao focar intencionalmente nossa percepção.

Vamos analisar mais profundamente como a percepção pode mudar nossa experiência do tempo. Além dos atletas que praticam esportes, essa sensação de lentidão temporal também pode ocorrer para indivíduos com anomalias cerebrais, especialmente quando sua percepção de movimento é comprometida. Em um ensaio, o fenômeno Zeitraffer e a acinetopsia foram estudados em um único paciente que havia sofrido um aneurisma.[7] O fenômeno Zeitraffer é uma percepção alterada da velocidade de objetos em movimento, e a acinetopsia é a incapacidade de ver o movimento. Um exemplo descrito pelo paciente foi o de ver a água que caía de um chuveiro parar no ar e as gotas ficaram suspensas diante dele, como um filme em câmera lenta. Os pesquisadores tendem a acreditar que esse tipo de experiência ocorre exclusivamente na presença de doenças como epilepsia e derrames.

No entanto, como mencionado anteriormente no exemplo do meu amigo Bill no trânsito, as pessoas que enfrentam emergências com risco de vida também experimentam a desaceleração do tempo. Os pesquisadores Noyes e Kletti estudaram esse fenômeno ao longo de décadas, revelando que, dentre pessoas que estiveram próximas à morte, mais de 70% se recordavam de vivenciar uma sensação de tempo mais lento.[8] Além disso, a velocidade de raciocínio dos entrevistados aumentara em até cem vezes. Os eventos relacionados às situações que enfrentaram foram encarados com objetividade e clareza, e, porque o tempo parecia tão expandido, as pessoas foram capazes de responder a eventos extremamente rápidos com precisão e objetividade.[9]

O pesquisador David Eagleman, que teve uma queda terrível de um telhado aos oito anos, tornou-se tão fascinado com o que se lembrava de sua experiência de quase morte que decidiu aprender mais sobre aquilo. Ele realizou um experimento com alguns voluntários que se dispuseram a passar por uma terrível experiência controlada chamada Queda do Dispositivo de Captura em Suspensão (Suspended Catch Air Device, SCAD).[10] Sua conclusão, por meio de um dispositivo de tempo usado por cada um dos participantes, foi de que não é a experiência real, mas a memória da experiência, que causa o fenômeno de sensação de desaceleração do tempo. Ele teorizou que, quando estamos no que ele chamou de "modo medo", nosso cérebro absorve exponencialmente muito mais informações do que o normal. Nós então relembramos a experiência em grande detalhe, sugerindo que a sensação de desaceleração do tempo simplesmente é associada à maneira como nosso cérebro está processando a memória depois do acontecimento.

Em outra pesquisa, Sylvie Droit-Volet, da Universidade Blaise Pascal, e Sandrine Gil, da Universidade de Poitiers, ambas na França, também teorizaram que, quando seres humanos experimentam medo extremo, a percepção de que o tempo fica mais lento é resultado de mudanças em nosso "relógio interno".[11] Os voluntários assistiram a vídeos com três tipos diferentes de emoções e, em seguida, foram convidados a estimar a duração de certos eventos. Depois de assistirem aos filmes repletos de medo, eles disseram perceber os eventos como mais duradouros do que eram na verdade. A conclusão das pesquisadoras foi de que o medo disparava um "retardamento" do tempo, ao passo que não eram sentidas distorções de tempo após assistirem aos outros dois tipos de vídeo. Teorizando sobre por que aquilo acontecia, as pesquisadoras explicaram que a experiência de lentidão do tempo era parte fisiológica e parte perceptiva. A fisiologia do medo — aumento da pressão arterial, pupilas dilatadas e substâncias químicas de "luta para sobreviver" liberadas no sangue — causa um estado de excitação física que tem o efeito de aceleração dos relógios internos, o que retarda o tempo a partir de nossa perspectiva externa.

Estas são visões interessantes, mas que precisam de mais esclarecimento. Para mim, há uma diferença entre sentir "medo" e a sensação de "perigo". Pessoalmente, descobri que, quando sinto medo, como ao reagir a um barulho na casa tarde da noite, não ocorre desaceleração do tempo, mas quando sinto um perigo extremo, como quando perco o controle do meu carro, minha percepção do tempo se desacelera, exatamente como acontece com os atletas em fluxo, na zona ou no agora.

A pesquisa de Daniel C. Dennett e Marcel Kinsbourne pode

corroborar minha opinião de que há mais em nossas experiências de desaceleração do tempo do que meras memórias e químicas orgânicas. Em seu artigo "O tempo e o observador: O onde e o quando de consciência no cérebro", eles estudaram como os olhos, os nervos e o cérebro processam o que vemos para tentar explicar a experiência de desaceleração do tempo.[12] Eles teorizaram que o cérebro processa informação visual usando uma retroalimentação (*feedback loop)* projetada para acelerar seu processamento. Essa retroalimentação ignora o nervo ótico e instrui diretamente ao olho — através da retina — o que ele deve esperar ver. Quando isso acontece, como quando uma pessoa pode estar em perigo e, portanto, precisa processar muita informação rapidamente, o cérebro consegue processar imagens fora de ordem. Isso faria com que a pessoa pudesse ver um evento com a percepção de que, por exemplo, o tempo está passando em câmera lenta. Mesmo que tenham concluído que as pessoas não estavam desacelerando o tempo real ou objetivamente, isso sugere que a taxa na qual alguém percebe o tempo pode mudar. Além disso, levando em conta sua conclusão lógica, isso sugere que a taxa de passagem do tempo percebida por alguém está de alguma forma sujeita ao que o observador (da teoria quântica) está experimentando.

Tive minha própria experiência de perigo de vida não muito tempo atrás. Eu dirigia a 110 km/h em uma rodovia quando uma bicicleta caiu de um caminhão dois carros à minha frente. Enquanto eu via os carros à minha volta se desviar violentamente para as laterais, o tempo desacelerou conforme a dianteira do meu carro se aproximava da bicicleta. Então o carro pareceu manobrar ao redor dela, ou sobre ela, ou através dela. Até hoje não sei qual dessas explicações é a correta. A última coisa de que me lembro é de ver em meu retrovisor a bicicleta no meio da estrada. Não houve tempo para sentir medo, mas, pensando retroativamente, eu certamente estava em perigo. Na fração de segundo em que isso aconteceu, minha percepção dos eventos mudou para um estado de maior atenção que incluía todos os ingredientes que caracterizariam o fluxo, a zona e o agora: concentração profunda, alta eficiência e desempenho, vivacidade emocional, senso de domínio intensificado, falta de autoconsciência e transcendência pessoal.[13]

Jim, um delegado de polícia, compartilhou uma história semelhante comigo. Em 1983, ele trabalhava como policial à paisana na divisão antidrogas em uma delegacia no sul da Califórnia. Certo dia, por volta das dez da manhã, ele e seu parceiro interrogavam alguém que haviam detido recentemente. Jim saiu da sala de interrogatório por um minuto e soube que havia um roubo à mão armada em andamento em uma pizzaria próxima.

Ele disse ao parceiro que pegaria o carro e iria até a pizzaria, a poucos quarteirões dali. Quando chegou, três pessoas assaltavam a pizzaria, e Jim descobriu serem os autores de outros vários assaltos recentes, incluindo um tiroteio com um policial rodoviário em uma *blitz* de trânsito. Eles haviam chegado com a pizzaria ainda fechada, a invadiram e colocaram todos os funcionários, exceto um, na câmara frigorífica. O empregado esquecido por eles havia conseguido ligar para a emergência.

Quando Jim estacionava ao lado do local, os bandidos armados saíram pela porta dos fundos da pizzaria. Jim viu outro policial de costas para o beco que levava para os fundos do prédio. Encontrou um reboque estacionado e se escondeu nas sombras debaixo dele, de onde podia ver os ladrões começarem a atirar no oficial descoberto. Dois deles entraram novamente no prédio e o outro correu para um boliche ao lado, onde mais tarde foi preso.

Finalmente, um dos dois ladrões que havia voltado para a pizzaria saiu com um saco de dinheiro em uma mão e apontou sua arma para o policial que corria em sua direção. Jim conta que, desde o momento em que ele se escondeu debaixo do reboque para se proteger, o tempo desacelerou. Quando sacou sua arma e gritou "Polícia, pare! Largue a arma. Parado!", o tempo pareceu parar completamente.

Jim atirou três vezes, e a primeira coisa que notou foi que o som dos disparos não foi muito alto. Na verdade, ele quase não ouviu os tiros ao se lembrar de que estava atrás de si mesmo, olhando a arma por cima de seu ombro direito, e então para o ladrão a distância. Enquanto apertava o gatilho, experimentou uma inconfundível sensação de lentidão. Ele tinha uma pistola semiautomática com um *slide* que se move para a frente e para trás a cada disparo e que ejeta o cartucho para cima. Jim se lembra de ver o *slide* se mover em câmera lenta, bem como os cartuchos voarem em movimentos lentos. Ao mesmo tempo, ele sentia seu braço direito e seu ombro se mover para a frente e para trás em câmera lenta com o coice da arma, a cada vez que apertava o gatilho e a arma disparava.

No terceiro tiro, o homem foi atingido na perna e caiu. Jim saiu do seu esconderijo, e imediatamente o tempo voltou à sua velocidade normal. Depois, lembrou-se de que, além da desaceleração do tempo e dos sons, mesmo sem seu protetor auricular — que abafa o som extremamente alto dos disparos —, seus ouvidos não zuniram.

Quer o nome disso seja fluxo, zona, agora ou estado de perigo, acho que todos esses termos descrevem o mesmo estado peculiar de consciência superior no qual as leis clássicas da física parecem se curvar e talvez até mesmo nem se apliquem. Os seres humanos parecem ser capazes de alcançar esse estado de percepção concentrada extremamente bem, mas a maioria não consegue controlá-lo ou provocá-lo conscientemente. No próximo capítulo, explicarei como usar nosso cérebro para alcançar esse estado por nós mesmos.

5

O estado das ondas cerebrais na percepção concentrada

Se faz sentido que profissionais altamente especializados e pessoas em situações de grande perigo tenham a experiência de percepção muito ampliada e picos de foco, será que qualquer um pode acessar esse estado especial de percepção concentrada? Eu acredito que a resposta é sim e que o segredo disso está no estado de nossa onda cerebral. As ondas cerebrais indicam a atividade elétrica do cérebro produzida pelo pensamento e pela emoção, e trafegam pelos mesmos caminhos neurais.[1] Essa atividade elétrica do cérebro é gravada na forma de linhas sobre um papel ou uma tela de computador por meio da *eletroencefalografia*, ou EEG. As ondas cerebrais nos dão importantes informações sobre nossas experiências, porque os registros de EEG representam algo que pode ser medido cientificamente. Somente em tempos mais recentes nos tornamos capazes de medir as ondas cerebrais bem o suficiente a ponto de entender como elas correspondem a determinados níveis de concentração que podemos controlar e alterar.

Para testar quais frequências de ondas cerebrais correspondem a diferentes tipos de experiência, eu participei de uma sessão de uma semana no Biocybernaut Institute, em Sedona, Arizona. Lá, os participantes e eu realizamos certas tarefas enquanto pesquisadores monitoravam os diferentes tipos de ondas cerebrais geradas por nós. A neurociência diz que há cinco tipos principais de frequências de ondas cerebrais: beta, alfa, teta, delta e gama. As ondas cerebrais geradas por uma pessoa podem ser medidas por sensores especiais colocados sobre o crânio. Quando o resultado é mostrado em tempo real, a pessoa terá a oportunidade de ajustar intencionalmente seus pensamentos e emoções, o que pode alterar as ondas cerebrais que estão sendo geradas. Quando monitoradas e exibidas com os equipamentos do Instituto, podemos entender como cada frequência de onda cerebral se comporta em seu papel no funcionamento do cérebro, como eu fiz. Na figura abaixo, as frequências mais altas estão no topo, e as mais baixas e lentas estão na base.

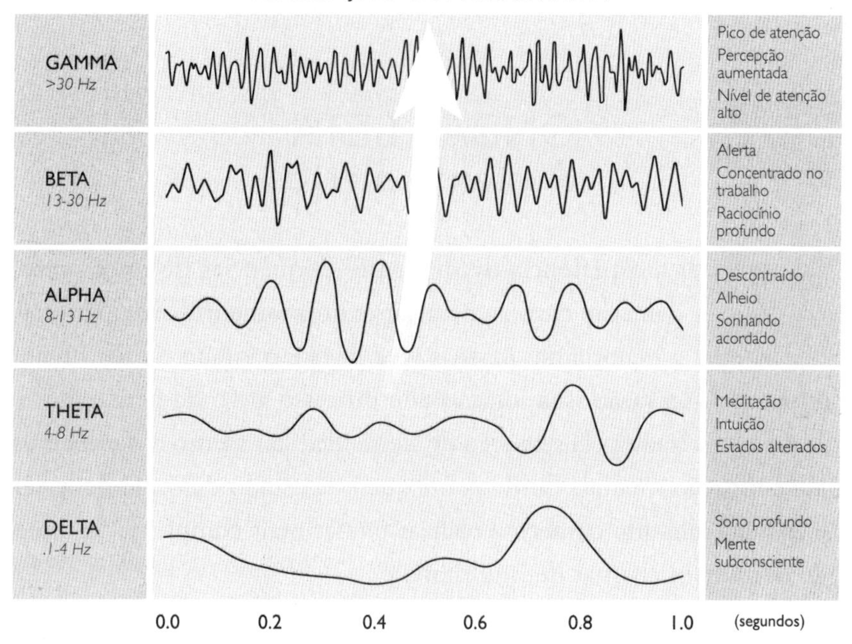

As frequências das ondas cerebrais da percepção concentrada

No Instituto, eles usaram luzes e sons para provocar respostas instantâneas quando eu gerava determinado tipo de ondas. Eu aprendi rapidamente que, quando conseguia fazer uma correlação entre minha concentração ou sentimento com o padrão das minhas ondas cerebrais, eu tinha um ponto de referência pessoal de quais ondas cerebrais estavam sendo registradas pelos sensores na minha cabeça. Por exemplo, reproduzir amor intencionalmente produzia ondas alfa. Em contraste, ter pensamentos estressados ao me lembrar da maior quantidade de compromissos que eu conseguia produzia ondas beta. Esse *feedback* me permitiu reproduzir praticamente todas as diferentes frequências intencionalmente. Também, depois de cada sessão, eu era capaz de observar os resultados e de saber o momento específico em que determinadas frequências de ondas estavam sendo geradas ao fazer certas coisas. Aprendi que, *quando eu mudava de foco, mudava o estado de minha onda cerebral.*

ONDAS BETA:
A mente alerta

Para entender a experiência de diferentes frequências de ondas cerebrais, vamos começar com as beta (aproximadamente entre 13 e 30 Hz), na qual a maioria das pessoas vive. Este é o estado da sua mente consciente, sua razão, sua lógica e seu processo ativo de pensamento. Ele é caracterizado pela sensação de alerta, de estar atento aos trabalhos e de ocupação mental. Eu descobri que esse estado de onda pode ser "acelerado" quando começo a realizar tarefas mais complexas, como o que costumam chamar de "multitarefa".

Para praticar a transição para o estado beta das ondas cerebrais:

1. Comece a pensar na lista de coisas que você precisa fazer amanhã ou na próxima semana.
2. Tente se lembrar de todos os itens da lista quando terminá-la.
3. Repita a lista para si mesmo mentalmente quando terminá-la e memorize-a.

ONDAS ALFA: Reflexão relaxada

Em contraste ao alerta das ondas beta, as alfa (aproximadamente entre 8 e 13 Hz) indicam alguém desperto, mas em repouso e tranquilo. Alguém que faz uma pausa do trabalho e sai para caminhar provavelmente passará do estado beta para o alfa. A experiência é frequentemente caracterizada por relaxamento, desprendimento, sonhar acordado e um estado melhorado de acuidade visual. Eu descobri que consigo me transportar para o estado alfa intencionalmente relaxando e gerando sentimentos de amor e felicidade.

Para praticar a transição para o estado alfa das ondas cerebrais:

1. Sente-se em silêncio e feche os olhos.
2. Comece a pensar em algo, alguém ou algum lugar de que você gosta muito.
3. Tente visualizar isso em sua mente.
5. Imagine-se expandindo no espaço como se você estivesse ficando infinitamente maior.

6. Enquanto se sentir confortável, mantenha esse pensamento e, quando estiver pronto, abra os olhos lentamente.

ONDAS TETA:
Meditação e intuição

No Instituto, depois de mudar intencionalmente do estado beta para o alfa, as ondas teta também se apresentaram. As ondas teta (aproximadamente entre 4 e 8 Hz) podem ocorrer entre a vigília e o sono. Elas são associadas à meditação, à intuição e a estados alterados de consciência. Pessoas que dirigem por muito tempo em locais monótonos podem estrar em teta. Corredores de longas distâncias mentalmente relaxados experimentam o que muitos chamam de "brisa da corrida", e podem estar em teta.

Para praticar a transição para o estado teta das ondas cerebrais:

1. Sente-se confortavelmente em um lugar silencioso onde você não será perturbado. Feche os olhos.
2. Sinta seu corpo relaxar desde o topo de sua cabeça e lentamente até os dedos do pé.
3. Depois mude sua atenção para a respiração e a eliminação de qualquer outro pensamento.
4. Continue concentrado somente em sua respiração.
5. Sinta a repetição de sua respiração.
6. Imagine a sensação logo antes de cair no sono, quando seus olhos ficam pesados e o mundo parece muito tranquilo, próximo a um sonho.

7. Enquanto se sentir confortável, mantenha-se assim e, quando estiver pronto, abra os olhos lentamente.

ONDAS DELTA:
Sono inconsciente profundo

As ondas delta são o estado de onda cerebral de mais baixa frequência (aproximadamente entre 0,1 e 4 Hz) e geralmente ocorrem durante o sono profundo e restaurador. Ondas delta estão mais presentes durante os processos subconscientes do cérebro. Elas são descritas por alguns como a nossa mente subconsciente, bem como nossa mente "reptiliana", uma habilidade sensorial atávica que pode nos alertar para o perigo antes que a mente racional seja avisada. A maioria das pessoas provavelmente não atinge a atividade de ondas delta enquanto despertas, com exceção de crianças e portadores de TDAH severo.[2]

Para praticar a transição para o estado delta das ondas cerebrais:
Vá dormir. É provável que as ondas delta sejam geradas durante o sono REM, quando você dorme profundamente.

ONDAS GAMA:
Percepção concentrada

Finalmente, as ondas gama (aproximadamente acima de 30 Hz) são as mais altas frequências de onda cerebral medidas e são associadas com o pico do foco, percepção intensificada e o mais alto estado de alerta.

Acredita-se que estejam presentes quando alguém tem experiências transcendentes, como o *samadhi*.[3] As ondas gama podem ser desencadeadas em estados de intensa concentração alcançados por meio de práticas como a meditação. Experimentos com monges budistas tibetanos mostraram uma correlação entre estados mentais transcendentais e ondas gama. Uma teoria é que as ondas gama podem ser localizadas no cérebro de modo que sua própria existência indica uma experiência de singularidade ou de "consciência unificada".[4] Enquanto no Instituto, as ondas cerebrais gama estiveram presentes em minhas medições durante minhas meditações mais profundas, ao mesmo tempo que eu me mantinha consciente do que acontecia fisicamente ao meu redor.

Para praticar a transição para o estado gama das ondas cerebrais:

1. Sente-se confortavelmente em um lugar silencioso onde você não será perturbado. Feche os olhos.
2. Comece a focar sua respiração até a eliminação de qualquer outro pensamento.
3. Traga à sua mente alguém ou algo em sua vida por quem você é grato, como um companheiro, um amigo, uma criança, um animal de estimação.
4. Diga a si mesmo com sua voz mental: "Sou grato por isso".
5. Agora visualize a si mesmo em sua mente.
6. Diga a si mesmo com sua voz mental: "Sou grato por isso".
7. Então visualize o mundo que o cerca ou o âmbito maior de sua vida em sua mente.
8. Diga a si mesmo com sua voz mental: "Sou grato por isso".

9. Então passe a gerar sentimentos intensos de gratidão a partir do seu coração, concentrando-se na área central de seu peito.
10. Intensifique esse sentimento novamente, visualizando alguém ou algo em sua vida que você ama.
11. Imagine-se enviando esses sentimentos de amor por todo o seu corpo até o topo de sua cabeça, continuando a subir até o infinito.
12. Mantenha esse sentimento enquanto se sentir confortável e, quando estiver pronto, abra os olhos lentamente.

A razão pela qual essa prática de gratidão funciona bem é o fato de ela despertar um estado meditativo enquanto você se concentra em seus entes queridos, em si mesmo e em sua vida simultaneamente. Além disso, diz-se que a gratidão é a forma mais elevada de pensamento, ou função cognitiva, sugerindo que seja a forma mais provável de despertar um estado de percepção concentrada combinando a vigília e a meditação — na qual a mente está altamente alerta enquanto o corpo está altamente relaxado. Isso pode ocorrer naturalmente quando vários estados de ondas cerebrais como beta (estado de alerta), alfa (mentalmente relaxado), teta (meditativo) e gama (pico de foco) se combinam em um estado de percepção superior, como aquelas vividas por atletas no auge do desempenho, pessoas em perigo de vida ou pessoas que, por algum motivo, encontram-se na zona, no fluxo, no agora ou no que eu chamaria de estado de percepção concentrada.

Anthony, que também esteve no Biocybernaut Institute, descreveu sua vivência assim:

Houve um ponto de virada no Biocybernaut quando eu percebi que a mudança de pensamento para sentimento nos faz chegar lá. Se eu tivesse um pensamento com os sensores na minha cabeça, então eu entrava em um estado contraído e de supressão de ondas. Mas, quando eu me permitia sentir — e especialmente sentir de maneira expansiva —, meu cérebro e meu coração pareciam se conectar de uma maneira que eu sabia absolutamente onde eu estava naquele momento. E ao praticar essa mudança do pensamento, que é beta, para o sentimento, que são alfa, teta e gama, consegui mudar minha vida para que eu exista cada vez mais no momento presente. Como não há um componente de tempo para o sentimento, existir no momento presente tornou-se meu modo de ser predominante.

Usando as práticas da Parte 2, você também pode aprender a entrar intencionalmente nesse estado de percepção concentrada e talvez até mesmo permitir que ele caracterize sua vida.

Como começar? Usando seu cérebro. (E isso não significa apenas "pensando", como aprendemos com Anthony.) Todo cérebro humano é feito de células nervosas que geram um campo elétrico, o mesmo campo que, quando detectado por um equipamento, é exibido na forma de ondas cerebrais. Muitos acreditam que esse campo gerado naturalmente pelo cérebro é a fonte de nossos pensamentos. Ele também determina como cada um de nós experimenta nossa percepção de realidade. Além disso, como o campo do cérebro é elétrico (o que significa que ele é energia), ele está sujeito às mesmas teorias científicas nas quais a física se baseia. Mudanças na energia no campo elétrico do cérebro como um todo resultam em uma nova frequência de onda.[5]

Se considerarmos a possibilidade de uma teoria de tudo na qual a mecânica quântica também possa ser aplicada ao mundo visível, então as teorias científicas que governam o cérebro também podem incluir as leis da física quântica, como o entrelaçamento, a sobreposição, o efeito do observador e a ideia de que a consciência causa colapso.[6] Pesquisas em novos campos, incluindo a biologia quântica, especulam cada vez mais que esse é o caminho mais provável.[7]

Isso nos leva à questão que mora na fronteira da ciência: exatamente *quanto* o cérebro humano está envolvido no efeito do observador? Qual papel o cérebro humano tem no processo quântico de observação que colapsa a função de onda em partículas? Talvez ondas e partículas sempre tenham sido uma coisa só, e ainda não temos equipamentos sensíveis o suficiente para perceber que elas são assim. Ou talvez a observação seja algum tipo de transferência de energia resultante do entrelaçamento quântico entre o cérebro do observador e o que está sendo observado. Qualquer que seja o mecanismo exato que um dia venhamos a descobrir, ao mesmo tempo sabemos que podemos usar nosso cérebro para focar algo, o que pode mudar o estado de nossas ondas cerebrais e também pode nossa percepção — às vezes gerando resultados extraordinários.

Esticando o tempo

Para testar essa ideia sozinho, vamos tentar uma prática para mudar não apenas sua percepção de tempo, mas a sua real experiência sobre o tempo do relógio.

Na década de 1970, um cientista checo chamado Itzhak Bentov documentou um experimento no qual pessoas comuns eram capazes de mudar para um estado de suspensão do tempo ou percepção concentrada e ver o ponteiro dos segundos de um relógio analógico comum desacelerar ou até parar. Para experimentar isso, execute os passos a seguir:

1. Sente-se confortavelmente diante de um relógio de parede ou de pulso próximo ao seu rosto e note a posição do ponteiro dos segundos.
2. Mantenha a cabeça imóvel enquanto olha para o relógio e, de forma intermitente, leve seu olhar para longe do relógio, o mais distante à esquerda ou à direita que conseguir. Algumas pessoas conseguem turvar sua visão intencionalmente e desfocar o mostrador do relógio, o que também funciona. Repita isso por um curto espaço de tempo, e então use sua intenção para trazer seus olhos de volta e fixá-los diretamente no mostrador do relógio.
3. Faça isso algumas vezes — do desfocado para o focado — até pegar prática e repetir a ação sem grande esforço.
4. Então comece a reviver uma memória vívida que seja longa e envolvente, como se assistisse a um filme maravilhoso em sua mente: um lugar que você ama, a primeira vez em que você segurou seu filho recém-nascido, um beijo inesquecível.
5. Quando você olhar de volta para o relógio, para espanto de muita gente, vai parecer que o ponteiro dos segundos não se moveu. Em alguns casos, ele se move para trás. O tempo desacelerou visivelmente no decorrer daquele único segundo em que você estava perdido em seu pensamento.

Se você for capaz de desacelerar ou parar o ponteiro dos segundos com essa prática, talvez seja porque sua mente estava concentrada o suficiente para experimentar o que cientistas chamam de *cronostase*. A explicação médica para essa experiência é que, quando mudamos nossos olhos rapidamente de um estado de onda cerebral (reviver uma memória maravilhosa) para outro estado (foco extremo), nosso cérebro automaticamente suprime a visão no decorrer de cada mudança extrema. O mundo se torna um borrão enquanto a imagem em sua retina é forçada a mudar a forma como vê uma e outra. Então, quando a mudança terminar, seu cérebro substituirá as imagens que você perdeu durante a mudança com a nova imagem que vê à sua frente — nesse caso, o ponteiro do segundo parado. Nosso cérebro pode ser tão bom nisso que raramente percebemos quando isso acontece, exceto quando temos um indicador externo óbvio de tempo, como um relógio. Mas, para o seu cérebro, você simplesmente desacelerou o tempo.

Essa explicação médica é aceita entre os cientistas, mas eu tenho uma diferente. Em termos de função de ondas cerebrais, fechar os olhos e visualizar-se envolvido em sua atividade relaxante favorita tira você de uma consciência comum, caracterizada por ondas beta, para o estado alfa, mais relaxado. Então, ao seguir o ponteiro dos segundos do relógio ou observar enquanto nota o ritmo monótono de seu movimento, é provável que você continue e fortaleça seu estado de meditação em um devaneio relaxado, difuso, ao mesmo tempo que mantém sua atenção sensorial. Depois de um tempo, é provável que você também experimente uma onda teta, associada a meditação, intuição e estados alterados de consciência. Continuar imergindo na sensação de sua atividade favorita usando seus sentidos, enquanto ainda permanece acordado, leva você a um estado de atenção superior de percepção concentrada que consiste em estados beta, alfa e teta simultâneos. Como o foco mental é mantido, quando você lentamente abre os olhos e olha para o mostrador do relógio como uma pessoa desinteressada faria, você poderá facilmente se encontrar em um estado mais elevado de atenção, quando o ponteiro dos segundos não estará se movendo ou poderá até estar voltando para trás. Se você alcançar esse estado superior, talvez esteja gerando ondas gama associadas à zona, ao fluxo e ao agora — todos eles sendo o mesmo estado de percepção concentrada.

Em suma, você acabou de atingir um estado profundamente meditativo e, ao observar o ponteiro dos segundos de um relógio enquanto naquele estado, foi capaz de demonstrar para si mesmo que esse estado altera nossa percepção de tempo.

Para criar esse estado meditativo de maneira mais simples, comece sentado em silêncio e prestando atenção às coisas ao seu redor que sejam agradáveis e interessantes. Então comece ativamente a perceber novas coisas à sua volta. Essa prática simples pode melhorar seu humor e começar a adicionar as frequências alfa e teta no estado de suas ondas cerebrais.

Novamente, como isso funciona ainda é um mistério, mas amplas evidências estão se acumulando para mostrar a correlação entre um estado mais elevado de atenção das ondas cerebrais e a experiência de atemporalidade. À medida que dominamos melhor a criação desse estado de ondas em nós mesmos, um dia poderemos finalmente entender o papel que o mundo quântico desempenha em nossa vida cotidiana e não apenas validar a teoria de tudo, mas vivenciá-la. Para mim, a questão já não é se, mas quando.

Enquanto isso, você pode aprender a transitar mais facilmente até o estado de percepção concentrada que serve para tornar o tempo maleável como um elástico. Na Parte 2, você aprenderá práticas que lhe permitirão mudar seu estado de ondas cerebrais, mudar sua percepção do tempo e assumir um papel ativo do invisível que altera o cenário.

PARTE DOIS

Controle sua experiência de tempo

6

Meditação

Crie um estado de percepção concentrada

Quando eu tinha vinte e poucos anos, achei que havia perdido a noção do que era importante na vida. Além de ter deixado de me importar em fazer qualquer coisa, eu me perguntava qual era minha função na vida. Me sentia perdida e sozinha. Ao mencionar isso a um amigo, ele sugeriu: "Por que você não aprende a meditar?". Fui pesquisar e acabei escolhendo a abordagem da Meditação Transcendental (MT), um modo muito simples de meditar. Seu fundador foi um físico indiano que trouxe a meditação para o Ocidente e a simplificou para que praticamente qualquer um pudesse praticá-la. A MT consiste em uma prática de meditação de vinte minutos duas vezes ao dia com a repetição de um mantra (uma palavra em sânscrito repetida continuamente) com a voz de sua mente.

Quando comecei a praticar meditação, a primeira coisa que notei foram os pensamentos que passavam em minha cabeça, um após o outro, uma voz constante em minha mente que não se calava. Esses pensamentos eram sobre mim e as coisas que eu deveria estar fazendo, assim como comentários sobre o que estava acontecendo à minha volta. Depois de um tempo, criei meios de silenciar aquela "mente símia" de pensamentos de urgência ao não me apegar a pensamentos e sentimentos. Descobri que, quanto menos eu me conectasse às coisas que surgiam em minha mente enquanto eu meditava, menos o pensamento de urgência ocorria. Deixar de lado os pensamentos e sentimentos que apareciam criava espaço para coisas mais profundas tomarem minha mente, como *insights*, soluções para problemas e experiências genuinamente transcendentais que me faziam sentir como parte de algo maior que eu mesma.

Hoje, já com trinta anos de prática meditativa, inicio com uma meditação de mantras e logo entro em um estado sem pensamentos ou sentimentos, um estado de profunda tranquilidade. Quando percebo algum pensamento ou sentimento em minha mente, ou algo físico acontecendo ao meu redor, eu simplesmente faço uma anotação mental daquilo e retorno ao estado de tranquilidade mental — um estado meditativo.

O que é um estado meditativo? Em certo sentido, trata-se de estar completamente presente. É um estado mental alcançado por estar atento e consciente do momento presente, algo que a maioria das pessoas acha muito difícil de conseguir. Temos a tendência de nos prender à dor do passado, às preocupações sobre o futuro ou às fantasias que criamos para fugir do nosso presente. Aprender a retornar ao momento presente, para o que está acontecendo no agora, é o primeiro passo não apenas para dominar o tempo, mas para dominar a si mesmo. É o estado a que chamamos de percepção concentrada.

Nesse estado, você pode observar pensamentos e sentimentos sem julgamentos, permitindo que eles simplesmente existam e passem pela sua atenção, sem serem classificados como "ruins" ou "bons". Esse ato de observação imparcial ajuda a manter os pensamentos sob maior controle, o que resulta em calma, clareza e concentração. A meditação também desperta estados de ondas cerebrais propícias para alterar a nossa experiência de tempo.

Os benefícios científicos da meditação são bem documentados: redução de preocupação e estresse, melhora da memória, maior foco, menor reatividade emocional e maior autopercepção, moralidade e intuição. Também, certas ondas cerebrais se tornam mais proeminentes, incluindo as teta e as delta. Nesses estados de ondas cerebrais, ficamos mais propensos a ter faíscas inspiradoras de criatividade, recuperar memórias esquecidas e ter sonhos lúcidos. As pesquisas também mostram que a meditação reduz o pensamento de urgência da "mente símia" que causa pensamentos vagos sobre nós mesmos.[1] Benefícios físicos também foram documentados: um estudo recente descobriu que os praticantes de longo prazo da meditação (que a praticam há vinte anos ou mais) mostraram menor deterioração do cérebro ao longo dos anos do que os não praticantes. Além disso, a meditação parece resultar em um aumento em áreas importantes do cérebro que governam o aprendizado, a memória e o controle das emoções, e diminuiu o volume de áreas responsáveis por medo, ansiedade e estresse.[2]

Contudo, apesar dos reconhecidos benefícios, a explicação científica da *razão* desses tantos benefícios ainda não está pacificada. Muitos dos benefícios da meditação têm a ver como o modo como nosso cérebro funciona, como surgem os pensamentos e de onde eles vêm. Isso reforça a questão da consciência, também conhecida na ciência como o "complicado problema da consciência".[3] A consciência é um "problema complicado" em razão de uma lacuna aparentemente inconciliável entre o mundo físico, que inclui os processos físicos do nosso cérebro, e o mundo não físico, que inclui nossa mente, pensamentos e sentimentos. Por exemplo: De onde vêm nossos pensamentos? Por que temos experiências "parecidas" com outras? Esse mundo não físico da mente, dos pensamentos e dos sentimentos é o que acreditamos ser a consciência.

Alguns cientistas acreditam que já entenderam de onde vem a consciência e como ela funciona, enquanto outros acreditam que nem sequer arranhamos a superfície dessa resposta. Como resultado, pesquisadores estão cada vez mais se voltando para os mistérios da física quântica para explicar o mistério da consciência. Com a descoberta do efeito do observador há mais de cem anos, a evidência da consciência já parecia se impor à teoria quântica. Alguns cientistas concluíram que a consciência deve ser incluída como um fator viável na teoria quântica. Outros, incluindo Einstein, não. Ele inclusive comentou: "Eu gosto de pensar que a Lua está lá, mesmo quando não estou olhando para ela".

Em extremo contraste com Einstein, o vencedor do Prêmio Nobel de Física Roger Penrose propõe que não apenas a consciência influencia a mecânica quântica,[4] mas que existe por causa dela. Penrose sugere que existem estruturas moleculares no cérebro humano que alteram seu estado em resposta a um evento quântico — assim como as partículas fazem em resposta ao efeito do observador.[5] Embora desafiado pela comunidade científica, Penrose permanece confiante. Além disso, desde a pesquisa de Penrose, outros descobriram evidências de efeitos quânticos em seres vivos, por exemplo, pássaros migratórios que usam a mecânica quântica para se localizarem.[6] Embora pareça não haver evidências conclusivas de que a teoria quântica possa explicar a consciência, continua difícil acreditar que uma definição puramente física da consciência possa explicar fenômenos comprovados como o efeito do observador. A consciência talvez não crie nossa realidade toda — por "realidade" quero dizer o que é mensurável —, mas, se a realidade é parte física e parte percepção, a consciência pode certamente desempenhar um papel influenciador das chances de possíveis resultados ocorrerem em todo o mundo cotidiano macroscópico.

Como essa discussão sobre a consciência e o efeito do observador se relaciona com a meditação? Darei um exemplo da vida real. Certo dia eu estava compartilhando com Anna a ciência por trás do efeito do observador e que "a consciência causa colapso". Ela entendeu os conceitos, mas ainda sentia uma grande lacuna entre o que sabia sobre o mundo quântico e sua própria experiência de vida. Ela não tinha certeza de que poderia saltar de sua experiência normal diária de pensamentos conscientes para uma experiência mais profunda de si mesma e de como o mundo funciona, de acordo com os princípios quânticos.

Para sentir a diferença, sugeri que ela começasse com a técnica de meditação que compartilharei em seguida. Eu lhe disse que esse seria o caminho mais simples para mergulhar em um estado de percepção concentrada, também conhecida como a zona, fluxo ou o agora. Na semana seguinte, ela me contou que estava impressionada com os resultados. "Eu senti todo o meu senso existencial se expandir. Percebi que vivia como se meus pensamentos e sentimentos fossem tudo o que existia. Mas, com a sua prática, entendi que uma parte de mim era capaz de observar meus pensamentos e sentimentos, e que isso é maior do que meus próprios pensamentos e sentimentos. Experimentei uma parte de mim conectada ao divino e sempre em paz."

O que ela chamou de "conexão com o divino" pode ser a mesma coisa que o efeito do observador é para os humanos. Essa experiência é descrita como sentimentos de completitude, unidade, paz e transcendência, o que estou chamando de estado de percepção concentrada. Assim como Anna descreveu, quando você se torna capaz de perceber seus pensamentos e sentimentos em ação — sem que se apegue a eles —, sua experiência pessoal se expande. Talvez você perceba que é mais do que seus pensamentos e sentimentos. E você se experimentará como um observador de seus próprios pensamentos e sentimentos, possivelmente o mesmo observador que a física identificou.

Veja agora uma prática simples de meditação que se aproveita ao máximo da ciência que você já aprendeu. Com essa prática, você não apenas vai ter a experiência do momento presente, que é crucial para dominar o tempo, mas também provará de uma maior concentração quando acordado, melhor memória e desempenho de aprendizado, menos medo e ansiedade, e redução da atividade cerebral relacionada à autorreferência de pensamentos sobre si. Mais importante, você estará gerando um estado de ondas cerebrais de percepção concentrada que é a chave para mudar sua experiência de tempo e o alicerce de todas as práticas a seguir.

PRÁTICA: CRIE UM ESTADO DE PERCEPÇÃO CONCENTRADA[7]

Faça essa prática no escuro, quer seja fechando os olhos, apagando as luzes ou vestindo uma máscara de dormir. Sente-se confortavelmente no chão com as pernas cruzadas à sua frente (na chamada posição de lótus) e descanse as mãos sobre seu colo com as palmas para cima. Se essa postura for desconfortável, sente-se em uma pequena almofada com as pernas cruzadas diante de você, ou sente-se contra a parede com as pernas esticadas à sua frente.

Perceba sua mente trabalhando: ela está refletindo sobre algo que aconteceu no passado? Está planejando algo para o futuro? Está percebendo algo ao seu redor? Simplesmente permita que os pensamentos aconteçam e venham até você, e então volte seu foco para a respiração.

Comece respirando pelo nariz e expirando pela boca, exalando duas vezes mais lentamente que a inspiração. Imagine sua expiração na forma de uma fumaça ou névoa saindo de sua boca.

Em sua próxima expiração, visualize o numeral 3 diante de seus olhos fechados. Na próxima, visualize o numeral 3 mudando para o numeral 2. Na seguinte, visualize o 2 se transformando no número 1. E em sua próxima expiração, visualize o numeral 1 se transformar no 0.

Permaneça nesse estado de tranquilidade e percepção concentrada por quanto tempo desejar. Quando estiver pronto, abra os olhos vagarosamente ou passe para outra prática.

Técnica avançada: Cachorrinhos e gatinhos

É inevitável que surjam pensamentos conscientes. Para libertá-los facilmente, utilize uma prática que chamo de "Cachorrinhos e gatinhos". Quando algum pensamento vier à mente, transforme-o em algo que você ama, como um filhotinho de cachorro ou gato. Concentre-se no pensamento e, em seguida, apanhe intencionalmente aquele cachorrinho ou gatinho e o coloque "do lado de fora". Isso causará o efeito de removê-los de sua área de atenção. Se eles voltarem, simplesmente os coloque para fora outra vez, até que não retornem mais. Este é o truque: não brigue com seus pensamentos quando meditar. Com essa prática, você permite que eles existam, mas sem se conectar a eles.

Técnica avançada: O que precisa ser feito hoje?

Embora esta prática seja o alicerce de tudo o que veremos a seguir, ela também pode ser praticada independentemente para acessar sabedoria e clareza mais profundas. No estado de percepção concentrada, você está totalmente no presente, livre de arrependimentos do passado ou de medo do futuro. Você está em um estado no qual observa seus pensamentos e sentimentos sem julgamento. Você pode tirar vantagem desse estado de grande calma, clareza e concentração ao fazer a si mesmo uma pergunta cuja resposta gostaria de saber, como, por exemplo: *O que é preciso fazer hoje?* Quando tiver recebido a clareza ou a sensação de completitude desejada, abra os olhos lentamente.

7

Imaginação

Experiencie sua vida antecipadamente

Anos atrás, me mudei de Nova York para a Flórida. Eu tinha um chuveiro ao ar livre no meu terraço em Nova York e queria um igual na minha nova casa na Flórida. Embalei a ducha com o cuidado de embrulhar também a conexão da mangueira, um simples tubo de plástico de dez centímetros com uma rosca na ponta, que eu achava ser virtualmente insubstituível sem ter de comprar uma nova ducha. O dia estava extremamente quente quando cheguei à Flórida e comecei a desencaixotar. Decidi que era hora de usar minha maravilhosa ducha externa. Fui até o alpendre dos fundos com a ducha ainda embrulhada. Abri a caixa e procurei pela peça, que eu havia embrulhado e colado na ducha com fita adesiva. Ela não estava lá.

Irritada, joguei a caixa fora e comecei a vasculhar todo o conteúdo, que incluía outras coisas do meu terraço de Nova York. A peça não estava em lugar nenhum. Acabei desistindo, tranquei a casa para sair e fui até o meu carro. Quando abri a porta, olhei para dentro dele antes de me sentar ao volante. Para o meu espanto, a peça da ducha estava sobre o pedal do acelerador.

Meu carro fora transportado por um caminhão e havia chegado alguns dias antes de mim. Eu o havia usado todos os dias desde que chegara e nunca tinha visto o tubo de plástico de dez centímetros com seu soquete cor de laranja, a peça que faltava da minha ducha, até aquele momento. Como ele foi parar lá? Meus pensamentos fizeram com que ele aparecesse lá de algum jeito? Será que eu estava imaginando tudo aquilo? Nunca vou saber. O que eu sei é que peguei a peça, voltei para casa e instalei a minha ducha normalmente.

Quando crianças, geralmente acreditamos ser capazes de usar nossos pensamentos, ou nossa imaginação, para influenciar não apenas o nosso mundo interno, mas também o mundo físico exterior. Muitas vezes chamada de "pensamento mágico", a ciência dessa experiência é bastante estudada. O pesquisador Jean Piaget teorizou que o pensamento mágico é fundamental para o desenvolvimento cognitivo da criança. Ele resulta do egocentrismo, da crença de que somos o centro do universo, combinado com uma capacidade limitada de raciocínio. À medida que a criança cresce, esse pensamento imaginário é eventualmente substituído pelo pensamento racional compatível com os princípios da ciência amplamente aceita, como causa e efeito.[1] Para algumas pessoas, no entanto, o pensamento mágico pode sobreviver até a idade adulta, independentemente de sua exposição à lógica científica. Piaget usa o exemplo das crenças religiosas que vicejam a partir da socialização ou do condicionamento cultural, geralmente abordando questões como o significado da vida, qual o sentido da existência e o que acontece quando morremos.

Muitos cientistas afirmam que a experiência do pensamento mágico em adultos — como acreditar que podemos usar nossa imaginação para afetar o mundo físico — pode ser evidência de anomalias cerebrais, sendo a esquizofrenia um exemplo óbvio. Mas estudos científicos recentes revelaram que até 27% das pessoas não apresentam uma característica do cérebro "normal" que lhes permite distinguir entre o que está sendo imaginado e o que talvez esteja acontecendo na realidade. Os pesquisadores acharam os resultados surpreendentes porque os participantes da pesquisa eram adultos saudáveis e educados, sem histórico de distúrbios mentais.[2]

Enquanto alguns cientistas dizem que acreditar que a imaginação afeta a realidade é um distúrbio cerebral, outros descobriram que a imaginação desempenha um papel importante na criação de nossa realidade física. Citando apenas um exemplo bem conhecido, pesquisadores da Universidade de Chicago descobriram que "a prática mental", normalmente chamada de "visualização", era quase tão eficaz quanto a prática física para grupos de jogadores de basquete do ensino médio que treinavam arremessos livres.[3]

Estudos como esse sugerem que nossa imaginação — na forma de prática mental, ou visualização — pode ser usada para melhorar nosso desempenho nos esportes e em outras atividades físicas. No entanto, talvez o maior corpo de evidência de que nossa percepção afeta a realidade física está escondida a olhos vistos: o efeito placebo. Considerado já há muito tempo uma obrigatoriedade dos testes clínicos, o efeito placebo se refere à porcentagem confiável de pessoas que experimentam efeitos positivos de um tratamento falso quando informadas de que o tratamento é real. Recentemente, pesquisadores começaram a ver o efeito placebo com olhos mais otimistas; por exemplo, o Programa de Estudos de Placebos e Encontros Terapêuticos da Harvard Medical School estuda todos os aspectos do efeito placebo, incluindo a conexão mente-corpo, a relação paciente-fornecedor, o ritual médico, a provisão de cuidados e o significado do tratamento para a pessoa, a fim de ajudar a melhorar os resultados do paciente.[4]

A imaginação certamente tem papel importante em nossa vida; no mínimo, ela gera intuição, estimula novas ideias e resulta em *insights* e inovações. Como Einstein disse certa vez, "O verdadeiro sinal de inteligência não é o conhecimento, mas a imaginação". Se a imaginação é a nossa capacidade de formar novas ideias, conceitos e imagens de objetos externos não presentes aos nossos sentidos, ela influencia tudo o que pensamos, criamos e fazemos. Ela resultou em teorias e invenções cruciais para expandir tudo, das ciências às artes.

Mas, com a descoberta do efeito do observador e a ideia de que "consciência causa colapso", a imaginação poderia ter uma função ainda maior na mecânica quântica do que em nosso mundo físico macroscópico (para incômodo de muitos cientistas do passado e do presente). Na verdade, a corrida mundial para a construção do primeiro computador quântico indica a crença científica de que tal computador seria capaz de executar tarefas que excedem em muito a de nossos computadores comuns — porque imita o cérebro humano. Enquanto computadores comuns calculam usando bilhões de circuitos físicos que estão ligados ou desligados na forma de transistores, os computadores quânticos calculam usando átomos e partículas subatômicas. Já que essas partículas podem estar ligadas ou desligadas ao mesmo tempo, pelo menos até que sejam observadas, os computadores quânticos podem executar cálculos simultâneos. Como resultado, já foram divulgados estudos sobre computadores quânticos que são milhões de vezes mais rápidos do que os mais avançados supercomputadores.

Será que — seja lá o que for — o efeito do observador cria a realidade em nosso mundo macro por meio de nossa imaginação? Alguns anos atrás, eu precisava muito que uns amigos me devolvessem um empréstimo. Eu sabia da situação deles e que me reembolsar seria um problema, e eles também se sentiam mal com isso. Então, em vez de focar no lado negativo, imaginei o momento em que tudo dava certo para que eles conseguissem me pagar, e eles estavam tão felizes que me abraçavam enquanto me entregavam o cheque. Dessa forma, todos seriam beneficiados por algo que eu realmente queria que acontecesse, e ninguém ficaria no prejuízo. Essa cena acabou acontecendo quase exatamente como eu a havia imaginado — e, embora eu não tenha sido reembolsada no momento em que gostaria, o resultado beneficiou a todos.

Agora é a sua vez. Tente essa prática de imaginação para experimentar algo que você quer que aconteça antecipadamente. Comece com a prática "Crie um estado de percepção concentrada", do capítulo 6, para estimular um estado de ondas cerebrais que inclui ondas teta, relacionadas à intuição e estados alterados de consciência. Ao usar sua imaginação como ferramenta, você é capaz de criar parte da vida que deseja em vez de simplesmente desejar algo — talvez você economize o tempo que levaria para criar esse aspecto de sua vida somente por meio de esforço físico.

PRÁTICA: EXPERIENCIE SUA VIDA ANTECIPADAMENTE

Comece relaxando seu corpo profundamente, usando a prática "Crie um estado de percepção concentrada", do capítulo 6.

Pense em algo que você realmente gostaria de criar para si. Recomendo escolher algo que beneficie a todos os envolvidos e não fira nem engane nada nem ninguém. Depois de décadas usando essas práticas, aprendi que, quando dedico um pouco mais de esforço para pensar em como tudo e todos podem se beneficiar de algo que eu quero que aconteça — em vez de pensar somente em benefícios próprios —, os resultados parecem mais prováveis de acontecer.

Imagine que o que você deseja criar já aconteceu em todos os aspectos: visual, experimental e emocionalmente. Deixe fora de sua mente qualquer explicação de como aquilo aconteceu; simplesmente aceite que aquilo já é um fato concluído. Mergulhe fundo nas sensações do que foi criado, assim como no sentimento de alívio ou satisfação que foi atingido.

Quando estiver pronto, abra os olhos lentamente.

Observação: se tiver dificuldade em sentir que seu desejo já aconteceu, imagine-se mergulhando no sentimento como se fosse um lago gigante. Visualize-se se banhando nele e assim você se sentirá imerso nas sensações como se estivesse na água.

Técnica avançada: Sonhe sua vida daqui a três anos

Se não tiver certeza do que quer criar, use uma prática semelhante chamada "Sonhe sua vida daqui a três anos".[5]

Comece relaxando seu corpo profundamente, usando a prática "Crie um estado de percepção concentrada", do capítulo 6.

Imagine-se de longe, sentado exatamente como está no momento. Então, imagine que uma bolha o envolve e o eleva acima de onde você está sentado, de modo que agora você veja sua casa, seu escritório ou qual seja sua atual localização abaixo de você.

Imagine que a bolha começa a se mover para a direita enquanto você vê a Terra se mover para a esquerda abaixo de você. Continue a imaginar a bolha se movendo até sentir que avançou três anos no futuro. Veja a bolha parar e baixar você de volta. Observe o seu entorno. Onde você está? O que está fazendo? Quem está com você? Não sinta que você deve criar o que está experimentando; simplesmente perceba. Ao se imaginar três anos no futuro, você pode ter uma noção do que deseja criar para você e sua vida.

Depois que você entender sua vida daqui a três anos, imagine que a bolha novamente o envolve e o leva para cima. Veja a Terra se mover embaixo de você enquanto você imagina a bolha agora se movendo para a esquerda. Quando sentir que está dois anos no futuro — o que significa que voltou no tempo um ano —, imagine a bolha baixando. Você está em sua vida como imagina daqui a dois anos. O que você vê?

Veja a bolha novamente à sua volta o levar para cima. Veja a Terra se mover abaixo e imagine a bolha novamente se movendo para a esquerda, desta vez viajando para daqui a um ano no futuro. Imagine a bolha baixando para a Terra mais uma vez. O que você vê agora?

Finalmente, viaje de volta para o tempo presente, exatamente para onde você está sentado. Escreva o que viu, incluindo todos os *insights* do caminho que o farão chegar até lá.

8

Trauma

Reverta o passado

Entrar no estado de percepção concentrada é a habilidade básica necessária para mudar sua experiência de tempo quando quiser. Contudo, pesquisas mostram que nós quase universalmente evitamos a concentração no tempo presente e preferimos reviver o passado ou nos preocupar com o futuro.[1] Manter-se preso em um infinito ciclo de arrependimento do passado e de medo do futuro pode nos separar do estado de percepção concentrada e, portanto, do domínio do tempo.

Não se preocupe. Se você achar que seus pensamentos sobre o passado ou o futuro atrapalham o seu presente e a sua capacidade de alcançar o estado de percepção concentrada, as práticas deste capítulo e do próximo vão ajudá-lo a aliviar dores do passado e as preocupações com o futuro, removendo os obstáculos para um estado de percepção concentrada que permita que você mude sua experiência de tempo.

Para alguns, a dor do passado é o principal obstáculo para uma experiência plena do presente. Quando Margaret era criança, sua mãe era muito envolvida com a igreja e a deixou sozinha várias vezes ali enquanto realizava trabalhos voluntários. Margaret se recorda que quando tinha cinco ou seis anos, enquanto estava sozinha, ela foi abusada por um zelador. Margaret contou à sua mãe, que, em vez de partir em defesa da filha, a culpou. Isso causou um profundo trauma de infância — a lembrança do abuso e a aparente traição de sua mãe — e colocou Margaret em um caminho enfraquecido na vida. Ainda hoje, décadas depois, ela tem episódios de baixa autoestima que às vezes a impedem de trabalhar. Ela interpreta muitas, se não todas, das suas experiências diárias de acordo com esse seu trauma passado. Essa constante memória efetivamente imobiliza Margaret no tempo, deixando-a incapaz de se mover para longe do evento e seguir com sua vida.

A palavra "trauma" pode se referir a um evento que deriva de uma resposta mental, emocional e/ou física grave. A gama de eventos que podem ser considerados traumáticos incluem o abuso, como o que Margaret viveu; no entanto, qualquer evento da vida de alguém pode ser vivenciado como traumático, seja uma ameaça à sua própria vida ou à vida de outra pessoa, um incidente que coloca em dúvida a integridade moral de alguém, ou um encontro violento ou mortal.

Anos atrás, Danny viveu um trauma no qual sua resposta emocional foi arrependimento. Quando Danny foi para a faculdade em outra cidade, ele manteve contato com uma querida amiga de sua cidade natal. Ele a procurava quando voltava para casa nas férias e sempre passava algum tempo com ela. Sua amiga se formou antes dele, tornou-se bem-sucedida na carreira e frequentemente voltava para sua cidade natal nos finais de semana, mantendo sempre contato. Certa tarde, quando ela estava na cidade, eles tomaram alguns drinques e foram para a casa de Danny. Ela precisava ir embora porque tinha um compromisso na manhã seguinte. Danny a encorajou a passar a noite ali e não dirigir depois de beber, mas ela recusou o convite. Danny preferiu não insistir, pois não era seu namorado e sempre a achou mais experiente e responsável que ele. Sua amiga entrou no carro e partiu. Naquela noite, ela perdeu o controle do carro e sofreu um acidente fatal. Danny se culpou pela morte dela, arrependido por não ter insistido que ela não dirigisse até em casa. Assim como Margaret, o evento imobilizou Danny no tempo ao ficar revivendo a tragédia em sua mente sem parar.

Em ambos os casos, um trauma alterou para sempre o curso da vida dos envolvidos e resultou em emoções negativas. Em um caso, a pessoa experimentou diretamente um evento traumático; no outro, um evento trágico resultou em uma pessoa se infligindo trauma na forma de culpa.

Trauma e arrependimento são o resultado de ver o presente através das lentes do passado. Nem sempre isso é ruim; o contexto é o mais importante. Mas, quando olhamos continuamente pelas lentes do passado, o presente se torna a manifestação do passado — e nos mantém afastados de viver plenamente o presente como ele é.

Por exemplo, experiências traumáticas podem resultar em emoções saudáveis e normais como raiva, ansiedade, medo e tristeza, que desaparecem com o tempo enquanto a cura ocorre. Às vezes, essas emoções podem se sedimentar e até evitar a cicatrização. No caso de Margaret, o medo decorrente de seu trauma poderia ter tido um resultado positivo e acolhedor que a faria mais cuidadosa ao escolher seus amigos, e seu episódio poderia resultar em uma pessoa adulta mais forte, mas não foi o que aconteceu. E, enquanto a culpa de Danny sobre aquela noite poderia ter resultado em um pedido de desculpas à família de sua amiga e trabalhar psicologicamente para restaurar uma autoimagem positiva, isso também não aconteceu. Em ambos os casos, as emoções não resultaram em nenhum comportamento corretivo. Ao contrário, ambos desenvolveram autoimagens tão modificadas pelo trauma que seus sentimentos de inutilidade, desamparo e inferioridade os mantiveram encurralados e traumatizados dentro do tempo. Ambos se sentiam paralisados, incapazes de fazer algo para aliviar seus sentimentos. Esses sentimentos podem ser tão profundos que não apenas dominam os pensamentos da pessoa, mas impactam negativamente suas relações pessoais a ponto de que se sintam perigosamente desconectados do mundo.

Felizmente, a ciência sobre trauma tem avançado e pesquisadores o compreendem cada vez melhor, especialmente seu impacto sobre o cérebro. Por exemplo, por muito tempo os cientistas acreditaram que o cérebro era semelhante ao corpo físico: depois da maturidade, o cérebro para de crescer e de se desenvolver. Se o cérebro for ferido ou sofrer de uma doença, a possibilidade de recuperação será muito limitada. Mas recentemente o pesquisador Norman Doidge sugeriu que o cérebro muda constantemente em resposta a experiências e eventos.[2] Esse ramo de pesquisa é chamado de *neuroplasticidade* e sugere que o cérebro é capaz de realizar autocuras complexas — não apenas de traumas, mas de doenças debilitantes como autismo, derrames e mal de Parkinson.

Nos casos de Margaret e Danny, essa pesquisa sugeriria que os efeitos persistentes de traumas e arrependimentos são temporários e diminuem de intensidade à medida que o cérebro recupera suas conexões. Mas não foi o que aconteceu com eles. De fato, os críticos da neuroplasticidade dizem que desse mesmo processo característico de reconexão do cérebro podem resultar hábitos teimosos e autodestrutivos que não ajudam as pessoas a seguir em frente. Ou então o cérebro se adapta de tal forma que a defesa psicológica contra um trauma futuro é mais autodestrutiva que o trauma em si. Outros críticos sugerem que a descoberta da neuroplasticidade de Doidge é irrelevante e não tem nenhum efeito sobre o desenvolvimento psicológico das pessoas.[3]

Outro campo de estudos pode ser mais promissor para a cura de traumas no nível do cérebro e libertar as pessoas de ficar presas psicologicamente no passado: a atenção plena, também conhecida como *mindfulness*.[4] No estado de atenção plena é possível observar seus pensamentos sem julgar se são bons ou maus. Outro benefício é que a atenção plena pode estimular a sensação de controle que resulta em sentimentos de calma, clareza e concentração. Da perspectiva do tempo, a atenção plena significa que alguém está consciente ou atento a um momento presente. Isso quer dizer que o trauma enraizado no passado não pode coexistir com um cérebro que está em estado de atenção plena, que é o aqui e o agora. A atenção plena provoca estados de onda cerebral que incluem alfa, teta e gama, que podem estar presentes durante experiências de alta concentração. Como vocês já devem ter deduzido, a prática da meditação provoca o estado de atenção plena, que também é o caminho para chegarmos ao estado de percepção concentrada. Eis aqui o desafio que enfrentamos: a dor do passado pode interferir na experiência da atenção plena, e mesmo assim a atenção plena é exatamente o que precisamos para aliviar a dor do passado.

Existe algum modo de romper o ciclo e influenciar o passado literalmente? Do ponto de vista da teoria quântica, no nível das partículas quânticas, a resposta é sim.

Concebido a partir do conceito de dualidade onda-partícula, quando a observação determina se a luz se comportará como um fóton ou uma onda (e que até essa observação ela pode ser qualquer das duas), um experimento intelectual originalmente realizado pelo físico John Wheeler, na década de 1970, revelou que as ações realizadas no presente influenciam o que aconteceu no passado. Chamados de "apagador quântico para escolha retardada",[5] esses experimentos funcionam da seguinte forma: começamos com a clássica "experiência de dupla fenda", originalmente usada para provar a dualidade onda-partícula. Imagine uma fonte de luz fraca como a ilustrada na próxima página. Os fótons disparados por ela passam pelas duas fendas e aparecem na tela do outro lado. Se os fótons passam por ambas as fendas, os pesquisadores que observam o experimento enxergam um "padrão de interferência" de manchas claras e escuras, que são o resultado da luz agindo na forma de ondas.

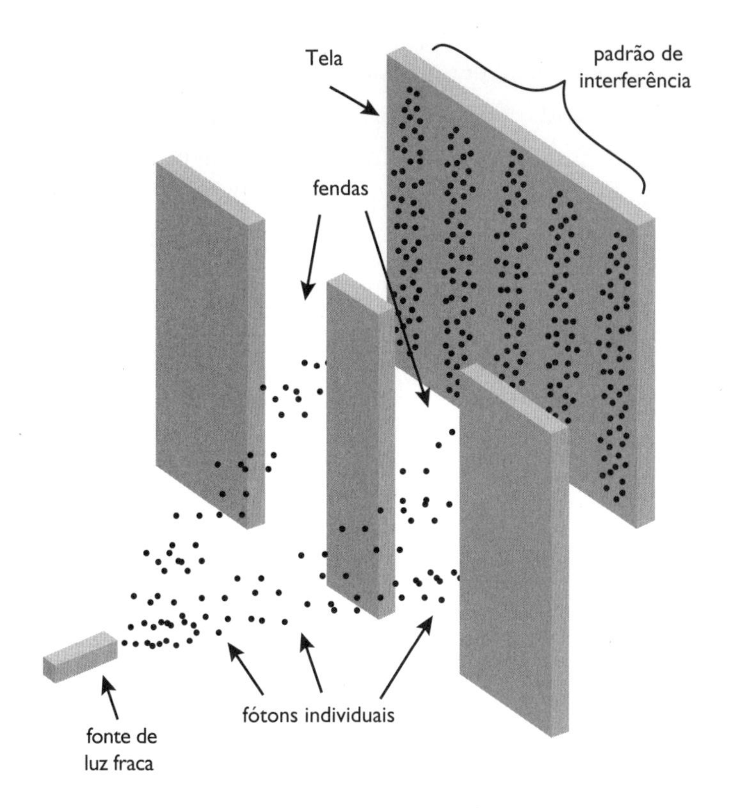

Experimento de dupla fenda

É aqui que tem início o experimento mental. Imagine que a tela do outro lado das fendas não está lá. Os fótons disparados pela fonte de luz continuariam em frente como disparos de um revólver, sem nunca serem detectados por qualquer tela que determinaria se eles acabaram como ondas ou partículas. Mas e se a escolha de haver ou não a tela só fosse decidida *depois* que os fótons passassem pelas fendas? Se aplicarmos os princípios quânticos de maneira consistente, o resultado é que a própria luz muda da forma de onda (com a tela) para a de partícula (um fóton) após o momento no tempo que determinou se a tela estava ou não lá — como se ela viajasse de volta no tempo e se alterasse de uma onda para uma partícula.

Em 2007, na França, pesquisadores realizaram novamente a experiência da dupla fenda, permitindo que um único fóton passasse pelas duas fendas.[6] Então eles usaram um gerador de números aleatórios para decidir se a tela estaria ou não do outro lado para detectá-lo, bem como equipamentos que poderiam mudar de com tela para sem tela mais rápido do que o fóton poderia viajar até a tela caso ela estivesse lá. Mesmo quando o experimento foi ampliado para disparar o fóton da Terra para o espaço — mais de 3.500 quilômetros de distância —, os resultados foram os mesmos: o passado do fóton não era imutável; ele poderia mudar, dependendo do que acontecesse no presente.[7]

Os fótons vivem no mundo quântico e se comportam de forma muito diferente do mundo macroscópico ao nosso redor. Com isso, há algo de misterioso e fantástico no resultado científico que sugere que o que acontece no presente pode mudar o passado. Um modo de colocar esse princípio quântico em prática é usar uma técnica antiga conhecida como *reverter o passado,* que combina as habilidades de percepção concentrada e imaginação. Nela, usamos a imaginação para voltar a um trauma vivenciado, reviver seus eventos e mudar o final da experiência.[8] Danny usou essa técnica para superar a culpa que ele colocou em si mesmo pela morte da amiga. Ele reviveu aquela trágica decisão em sua mente e então mudou o que acontecia a seguir. Embora isso não o tenha libertado imediatamente de seus pensamentos traumáticos, repetir essa prática diariamente por vinte e um dias o ajudou a resolver a culpa que sentia e ficar mais em paz com a realidade da morte física de uma pessoa.

Reverter o passado pode ser usado com qualquer experiência passada que nos traga sentimentos negativos no presente, sem a necessidade de serem traumáticos. Na verdade, eu reverto meu dia toda noite (veja a técnica avançada a seguir), transformando os resultados negativos do dia nos melhores possíveis, e assim apago qualquer influência que os sentimentos negativos pudessem ter sobre o futuro.

É claro que reverter o passado não apaga sua experiência real do evento (ou será que sim?). Mas temos certeza de que você pode mudar seus sentimentos sobre o passado, libertando-se, permitindo-se desfrutar do presente e possivelmente montar uma imagem mais brilhante do futuro.

PRÁTICA: REVERTA O PASSADO

Relaxe profundamente usando a prática "Crie o estado de percepção concentrada", do capítulo 6. Quando visualizar o numeral 0 diante de seus olhos fechados, mude seu foco para alguma experiência de sua vida que você queira mudar e da qual deseja se livrar. Pode ser uma experiência menor ou algo mais importante. Se você sentir que há um trauma mais profundo por trás de um evento menor mas não tem certeza do que é, comece com o evento menor.

Inicie revivendo as sensações de onde você estava e com quem você estava. Relembre as emoções relacionadas à experiência, como raiva, medo, ressentimento, frustração, tristeza ou ansiedade. Receba bem as emoções negativas. Mantenha a experiência e as emoções em sua mente como se todas estivessem acontecendo novamente nesse exato momento.

Agora, dê marcha à ré em tudo o que você sentiu que fosse negativo sobre a experiência para que assim ela seja totalmente resolvida. Permita que todos os problemas e questões dessa experiência se dissolvam de seus pensamentos. Dê um suspiro de alívio e sinta-se totalmente fortalecido pela sensação de que o problema está resolvido.

Quando estiver pronto, abra os olhos lentamente.

Técnica avançada: Reverta uma experiência em tempo real

Use esta prática para reverter as experiências negativas do seu dia. Por exemplo, quando eu tenho uma conversa que me fez sentir mal ou nervosa, eu imediatamente procuro um lugar tranquilo, fecho os olhos, pratico a percepção concentrada, revivo a conversa até o ponto em que algo desagradável foi dito e então mudo o que foi dito para que, quando a reimaginação terminar, eu me sinta bem ou em paz com ela.

Técnica avançada: Reverta o seu dia

Você também pode usar essa prática para reverter eventos que aconteceram em seu dia no final de cada dia. Ao se deitar na cama para dormir, pense no momento em que abriu os olhos pela manhã. Então repasse seu dia mentalmente, mudando cada experiência para sua melhor versão possível. Faça isso com todas as experiências de que você se lembrar até que tenha revivido o seu dia completamente e se visualize outra vez em sua cama, pronto para cair no sono.

Técnica avançada: Reverta um sonho

Reverter o passado também funciona com os sonhos. Se você acordar perturbado em razão de um sono ruim, use a prática acima e, no lugar de um evento passado, reviva o sonho em grande detalhe até o momento em que ele se torna perturbador. Então reverta tudo o que for negativo para a melhor versão possível em sua visualização. Complete a prática conforme descrito acima.

Técnica avançada: Reverta um trauma passado

Se você está experimentando emoções negativas persistentes relacionadas a um cenário específico sem saber ao certo por quê, e se está pronto e disposto a trabalhar nas causas mais profundas de suas emoções negativas, comece com a prática "Tenha *insights* quando precisar" (ver capítulo 11). Quando você tiver noção da origem de suas emoções negativas, poderá revertê-las usando a prática acima. Ao chegar à parte na qual visualiza sua situação resolvida, imagine seu eu adulto mais sábio e gentil presente ao seu lado na cena. O que foi essencial nesse momento para resolver ou curar suas emoções negativas? Visualize seu eu adulto fornecendo o que for necessário a você. Sinta todas as emoções positivas em ação, agora que o evento está totalmente resolvido da melhor maneira possível. Complete a prática como descrito acima.

9

Preocupação

Não deixe o futuro te atrasar

O medo do futuro também pode ser um obstáculo para alcançar um estado de percepção concentrada. Por exemplo, eu moro em um lugar remoto, por isso normalmente uso um sistema de alarme à noite. Certa vez tive a sensação de que, embora eu tivesse ligado o alarme antes de me deitar, eu não estava sozinha. Moro com animais que teriam sentido a presença de outra pessoa na casa, e eles estavam dormindo pacificamente sobre a cama comigo. Mesmo assim, eu me sentia paralisada por pensamentos incontroláveis. Essa sensação de medo se apossou tanto de mim que eu quase não dormi naquela noite. Porque o alarme estava ligado e os animais não estavam agitados, meu medo era completamente irracional. Na ocasião, eu não senti o tempo mais lento, o que muitas vezes experimentei quando estive em perigo. Isso me sugeriu que eu não estava em estado de percepção concentrada durante a experiência, e que algo mais estava acontecendo.

O medo, e a versão menos intensa dele, a preocupação, não são como outros sentimentos. Como a experiência daquela noite, o medo afetou cada aspecto de meu corpo e meus pensamentos. Ele reduziu minha capacidade racional de dar sentido aos eventos à minha volta e paralisou meu corpo físico, me deixando até mesmo imóvel. Como sabemos com base na ciência do cérebro, diferentes estados de ondas cerebrais são gerados por pensamentos e sentimentos. Um estudo recente examinou o que ocorre no cérebro quando as pessoas são expostas a imagens de medo.[1] A novidade desse estudo foi a tentativa de separar o pensamento das pessoas das respostas inatas dos animais ao medo — ou lutar-ou-fugir. Também prestou atenção especial em como o nosso cérebro prioriza o que percebe de informações sobre a ameaça.

Aos participantes do estudo foram mostradas aleatoriamente imagens que não eram reconhecíveis devido a distorções visuais ou não eram claramente reconhecíveis. As imagens eram agradáveis, e não ameaçadoras nem desagradáveis. Usando sensores na cabeça, as pessoas pressionavam botões para registrar qual tipo de imagem haviam acabado de ver. Como esperado, as imagens assustadoras resultaram imediatamente em maior atividade de ondas cerebrais beta, associadas às respostas inatas de luta ou fuga. Mas os pesquisadores também descobriram que as imagens desagradáveis e assustadoras resultaram em aumento das ondas cerebrais teta, geralmente associadas a criatividade, inspiração e *insight*. As ondas teta têm origem onde se localiza a amígdala, a central do medo do cérebro, em seguida se movem para o hipocampo, onde se localiza a central da memória, e finalmente migram para o lobo frontal, onde se acredita que a imaginação e a inteligência humana se localizem. Os pesquisadores usaram o termo "mover" para descrever a direção geral dos sinais elétricos dada pelos neurônios no cérebro. Em outras palavras, o medo parece "se mover" por todo o cérebro, afetando não apenas nossos pensamentos e sentimentos conscientes, mas nossas memórias, ideias e imaginação.

Mesmo sendo um estudo pequeno e tímido, ele revelou uma nova ideia para tratar episódios persistentes de medo, bem como o que desencadeia *flashbacks* repentinos de eventos perturbadores. E, embora a preocupação possa ser sentida com menos intensidade do que o medo, ela também começa com um pensamento no cérebro que resulta em certas ondas cerebrais geradas que se movem de uma área para outra conforme o pensamento se mantém.

Para mim, isso significa que o medo e a preocupação podem ser neutralizados pelo estado de ondas cerebrais de percepção concentrada. Especificamente, a percepção concentrada que resulta da meditação se apresenta para reduzir o medo e a preocupação, bem como eliminar pensamentos autorreferenciais associados às ondas beta, como *O que vai acontecer comigo?* E, do ponto de vista da física, o efeito do observador explica como as partículas quânticas se comportam de acordo com o aspecto que os cientistas estão analisando. De qualquer maneira, focar seus pensamentos pode ter efeitos mensuráveis sobre como você vivencia o presente.

Naquela noite, eu fiquei tão tomada pelo medo que tive de me recompor usando a prática abaixo para controlar os pensamentos de luta ou fuga. Meu trabalho no Biocybernaut Institute havia me ensinado que, se começasse a relaxar profundamente usando a percepção concentrada, eu poderia mudar o estado das minhas ondas cerebrais de medo para um estado relaxado e reflexivo de ondas alfa, e em seguida para um estado meditativo de ondas teta. Empreguei os passos abaixo para primeiro intensificar os sentimentos de medo e então para repentinamente freá-los ao me concentrar no fato de que eu estava bem e completamente segura naquele momento. O alívio que senti provavelmente resultou em ondas cerebrais teta de relaxamento mental, associadas à percepção concentrada e à experiência de transcendência do tempo.

Se você acha que o medo ou a preocupação com o futuro o impedem de se concentrar no momento presente, então sua experiência de tempo está sendo afetada, assim como acontece quando você está focado no passado. Ao se prender em preocupações sobre o futuro, você literalmente está desperdiçando seu tempo de um jeito que não bastarão relógios parados para ajudá-lo a ter uma sensação de tranquilidade e fluxo. Da próxima vez que pensamentos preocupantes ocorrerem, ou que você for paralisado por uma sensação de medo, tente a prática abaixo. Em vez de ficar paralisado, você poderá mudar imediatamente a parte perceptiva da equação parte física, parte percepção, e mudar seu estado de ondas cerebrais para outro que o leve a um estado de maior consciência. Você não apenas estará mais capaz para acessar o estado que lhe permite transcender o tempo, mas também deixará de desperdiçar seu tempo com preocupações futuras e poderá fazer algo a respeito no presente.

PRÁTICA: NÃO DEIXE O FUTURO TE ATRASAR

Relaxe o mais profundamente que conseguir usando a prática "Crie um estado de percepção concentrada", do capítulo 6. Ao visualizar o numeral 0 diante de seus olhos fechados, mude seu foco para o pensamento amedrontador ou preocupante que você quer neutralizar e tirar de dentro de si.

Para vivenciar a plenitude da sensação de medo, comece imaginando cada detalhe das circunstâncias desagradáveis que resultam em prejuízo para você ou outras pessoas. Se você está vivenciando uma preocupação menor, intensifique o pensamento de preocupação para a experiência extrema de todas as coisas desagradáveis que podem acontecer. Intensifique a emoção de medo até vivenciar a sensação dentro do seu corpo. Mantenha a experiência e as emoções em sua mente como se todas estivessem acontecendo para você neste exato momento.

Então pare e tome consciência de que o evento nunca aconteceu. Nesse exato instante, vocês está bem, não há sensação desagradável e você está completamente seguro. Diga para si mesmo, *Ah, não foi isso que aconteceu*, ou *Isso não aconteceu desse jeito*. Permita que pensamentos e sensações imaginados se dissolvam de sua mente. Você não sabe como nem por quê, mas somente mergulhe na sensação de alívio de que aquele fato desagradável nunca aconteceu da maneira que você imaginou. Sua mente pode discordar, mas simplesmente deixe essa objeção de lado. Se uma objeção ressurgir, isso é normal. Apenas continue deixando esses pensamentos de lado.

Sinta-se totalmente livre do pensamento desagradável, o que pode incluir uma sensação de segurança ou um resultado positivo. Veja a si mesmo dando um suspiro de alívio por descobrir que o fato desagradável nunca aconteceu. Quando estiver pronto, abra os olhos lentamente.

Técnica avançada: O que é verdadeiro?

Para neutralizar medos persistentes e recorrentes, você pode usar uma prática adaptada do autor Charles Eisenstein.[2] Ela funciona melhor com um parceiro. Por exemplo, se você vem experimentando medo de perder seu trabalho, comece com a prática "Crie um estado de percepção concentrada". Então, abra os olhos e escreva sem rodeios os fatos da situação e pelo menos duas interpretações diferentes desses fatos. Peça que seu parceiro comece perguntando "Então você acha que vai perder o emprego? O que é verdadeiro?". Responda o que é verdadeiro lendo as duas interpretações distintas. Então seu parceiro lhe perguntará novamente "O que é verdadeiro?", e você mais uma vez responde com duas interpretações diferentes dos fatos. Continue esse vai e vem até começar a ver o modo como o seu cérebro talvez esteja distorcendo os fatos para resultar em interpretações desagradáveis do que realmente poderia acontecer. Você pode acabar descobrindo o que é realmente verdadeiro, o que talvez não seja tão desagradável quanto você temia.

10

Foco

Estique o tempo

Alguns anos atrás, quando visitava amigos no Upper East Side, em Nova York, eu estava saindo do apartamento em que me hospedava para encontrar um amigo às 11h, que me esperava em uma cafeteria do outro lado da cidade, cruzando o Central Park. Eram 10h50min. Se você conhece essa parte de Nova York, deve estar pensando que seria impossível chegar a tempo. Não apenas meu destino era longe demais para chegar em dez minutos, como meu táxi acabou ficando atrás de um caminhão de bombeiros em uma rua estreita.

Dentro do táxi, entrei em estado meditativo e concentrei minha percepção. Em vez de me permitir ficar ansiosa, encarei o antiquado relógio no painel enquanto me visualizava saindo do carro com o ponteiro dos minutos marcando 11:00. Foi exatamente isso que aconteceu: saí do táxi às 11h e cheguei na hora para encontrar meu amigo.

Como eu poderia ter chegado ao meu destino a tempo? No capítulo 3, mencionei a teoria da gravidade quântica em *loop*. O físico por trás dessa teoria diz que nossa percepção do tempo nem sequer corresponde à realidade física. No livro *The Order of Time,* o físico Carlo Rovelli aponta que até Einstein comparou o tempo a um elástico que se encurta e se alonga de acordo com sua velocidade ou sua proximidade a uma massa em relação a outro objeto — e como os cientistas continuam ignorando esse fato. Em vez disso, Rovelli acredita que a realidade — e então teoriza que o tempo — é uma coleção intrincada de coisas discretas semelhantes a partículas sobre as quais nós, através de nossa percepção, projetamos o passado, o presente e o futuro[1] — como um número infinito de blocos quadridimensionais representando todos os eventos que poderiam acontecer a qualquer tempo e em qualquer lugar.[2]

Gravidade quântica em *loop* é a teoria que eu mais gosto para descrever o tempo. Há tempos tenho a ideia de que o universo real ocorre em instantes individuais sobre uma base de momento a momento. Para mim, qualquer que seja o efeito do observador para os humanos, ele desempenha um papel na montagem da realidade: antes de acontecerem, os eventos existem como potencialidades em localidades múltiplas ao mesmo tempo, e as partículas estão entrelaçadas por uma força desconhecida — semelhante ao espaço discreto de Rovelli e às partículas de tempo. Isso significa que, como a teoria da gravidade quântica em *loop*, praticamente qualquer coisa pode acontecer, algo que tem sido minha experiência pessoal. Isso também significa viver em um mundo sem limitações.

Talvez você já esteja esticando o tempo sem perceber. Lemos alguns relatos de como as pessoas experimentam uma desaceleração do tempo em momentos de extremo perigo. Quase todo mundo que entrevistei tinha suas próprias histórias de experiências pessoais corriqueiras nas quais o tempo não passou normalmente porque afetar o tempo *significa algo importante para eles.* Alguns tiveram de planejar um voo de avião antes que um ente querido falecesse. Milagrosamente, tudo se encaixou, e eles estavam onde queriam estar para um momento importante. Eu mesma passei por isso quando tive de voar para o outro lado do país de repente para estar com minha mãe antes que ela morresse; cheguei com tempo de sobra. Para mim, são instâncias por parte do observador de nossa percepção alongando o tempo para que sejamos capazes de cuidar do que nos é mais caro.

Recentemente, Amanda compartilhou comigo sua experiência de alongar o tempo. Ela costuma levar os filhos para a aula de iatismo depois da escola por uma movimentada rodovia em obras com muitos semáforos. Normalmente, são necessários de vinte a vinte e cinco minutos até a doca.

"O engraçado é que", ela disse, "independentemente da hora em que eu saio, sempre chego lá a tempo — no máximo com um ou dois minutos de diferença." Antes de as obras na estrada começarem, ela levava dez minutos, "e muitas vezes eu me esqueço e saio dez minutos antes do treino começar. Mesmo com a estrada em obras, eu chego na hora. E mesmo quando saio vinte ou vinte e cinco minutos antes, chego lá em cima da hora".

"Geralmente não me preocupo em chegar atrasada", ela me explicou. "Eu não sei bem por quê, mas eu simplesmente acredito que vamos chegar na hora, como se isso já fosse um fato."

Amanda também contou que nem sempre essa foi sua experiência. "Quando eu levava as crianças para a creche, eu realmente me preocupava em chegar atrasada. Eu acreditava que os professores me achariam uma péssima mãe se eu me atrasasse, o que me deixava ainda mais preocupada, e, sinceramente, eu geralmente me atrasava. Isso me fazia sentir presa em um ciclo eterno."

"Qual a diferença de levá-los para a aula de iatismo?", perguntei.

"Bem, quando eu dirigia para a creche, eu estava focada em mim mesma e com medo de ser julgada, o que eu acho que criava um ciclo de medo eterno", ela explicou. "Mas, com a aula de vela, não penso nem um pouco em mim. Só penso neles, no quanto eles amam velejar e em seus companheiros de equipe, e na agradável experiência que eles terão. É tudo positivo. Estranhamente, não fico preocupada com o atraso, e de alguma forma ele quase nunca acontece, mesmo quando parece ser o correto a acontecer."

Amanda descreveu a diferença entre um estado de ondas cerebrais beta, associado com luta ou fuga, e um estado de percepção concentrada, na qual o observador pode estar no banco do motorista. O tempo pode se esticar e se curvar conforme a sua necessidade quando ela está focada no que é mais importante para ela, sem ansiedade.

Se o tempo funciona assim, então seria possível ter o poder de desacelerá-lo quando quisermos? E, se sim, como? O segredo é o estado das ondas em nosso cérebro. Quando nos sentimos ansiosos para chegar a tempo em algum lugar, nosso estado de medo (em oposição ao perigo) desperta a mente de macaco tagarela de ondas cerebrais beta. Ao resistir a essa armadilha e retornar a um estado meditativo de percepção concentrada, que inclui ondas alfa e teta, podemos conseguir resultados extraordinários com qualquer relógio, a qualquer momento.

PRÁTICA: ESTIQUE O TEMPO

No capítulo 5, você talvez tenha tentado parar o ponteiro dos segundos mudando sua onda cerebral com o experimento do dr. Bentov. Você pode aplicar essa mesma técnica para qualquer relógio que diz se você vai ou não se atrasar. Por exemplo, se estiver preso no tráfego e tiver um relógio no seu painel, concentre-se nesse relógio (note que relógios digitais não têm o mesmo efeito de movimento do ponteiro dos segundos, mas simplesmente mudam de valor).

Observação: funciona melhor se você não estiver dirigindo. Se estiver dirigindo, veja a técnica avançada abaixo.

Primeiro, olhe discretamente para o relógio como uma pessoa desinteressada faria. Perceba o ritmo monótono de seu movimento ou dos números mudando. Use sua intenção para voltar novamente seus olhos e para que se fixem diretamente sobre o mostrador de relógio. Desvie repetidamente os olhos do relógio para a estrada, ou onde quer que você esteja, e então volte o olhar para o mostrador do relógio.

Comece a imaginar uma cena vívida de chegada ao seu destino na hora desejada, como se estivesse vendo um filme em sua mente. Continue passando o filme da chegada por quanto tempo estiver viajando rumo ao seu destino, intermitentemente desviando os olhos do relógio para a estrada ou para o seu entorno.

Técnica avançada: Chegue na hora (dirigindo)

Se você estiver dirigindo e precisar chegar a tempo a algum lugar, mantenha seus olhos na estrada e pense nos benefícios de chegar na hora para você e para os outros. Sinta o seu desejo positivo de chegar na hora, para que todas as partes envolvidas sejam beneficiadas. Então deixe o desejo ir. Crie um filme em sua mente no qual você chega ao seu destino a tempo, assistindo a todos os resultados positivos disso. Lembre-se de que você tem todo o tempo do mundo para chegar aonde precisa. Imagine o tempo se alongamento e mudando à sua volta para dar lugar ao tempo necessário que sua jornada deve levar. Continue a repetir o filme da chegada em sua mente até que você chegue ao seu destino.

11

Pensamentos

Tenha *insights* quando precisar

A maioria das pessoas credita a teoria de evolução de 1840 a Charles Darwin. Mas você sabia que a mesma teoria foi desenvolvida independentemente por Alfred Russell Wallace?[1] As ocasiões em que inventores e cientistas chegam à mesma ideia independentemente são incontáveis. No século 19, o oxigênio foi descoberto por Carl Wilhelm Scheele e Joseph Priestley por volta de 1774.[2] No século 19, a primeira lei da termodinâmica foi teorizada por Germain Hess, Julius Robert von Mayer e James Joule, entre outros.[3] E a teoria do Big Bang, que sugere que o universo está se expandindo para longe da sua localização inicial, foi desenvolvida independentemente por Alexander Friedman e Georges Lemaître.[4] Basta gastar algum tempo pesquisando "descobertas múltiplas" para ver como as maiores descobertas ocorreram em diferentes momentos de tempo em lugares do mundo sem nenhuma conexão entre si. Será que são verdadeiramente coincidências? Ou possuímos algum tipo de organização coletiva da memória que podemos acessar?

O fenômeno de descobertas independentes múltiplas existe na forma de um corpo de pesquisa científica que investiga como as coisas vivas aprendem e transferem o aprendizado para outros e suas gerações subsequentes sem interagirem diretamente. Em um experimento de 1920, um pesquisador da Universidade de Harvard acompanhou 22 gerações de camundongos utilizando um labirinto de água. Ele observou que os ratos parentes de outros ratos que já haviam passado pelo labirinto, mesmo aqueles identificados como lentos para aprender, encontravam a solução quase dez vezes mais rapidamente do que ratos de primeira viagem cujos parentes não haviam tido a experiência no labirinto. O mesmo experimento foi posteriormente recriado na Escócia e também na Austrália.[5] Essa pesquisa sugere que os sistemas biológicos, desde trilhas de formigas até o movimento coordenado de cardumes, podem ser auto-organizados, o que significa que eles têm a capacidade de se organizar espontaneamente de forma não aleatória, sem a ajuda de um organizador externo. Embora esse campo de estudo ainda tenha muitas questões em aberto sobre como funcionam os complexos sistemas de sincronização do comportamento de milhões de participantes, já existem algumas teorias.[6] Além de explicações gerais da física como reducionismo e emergência,[7] a teoria da "ressonância mórfica", de Rupert Sheldrake, sugere que sistemas auto-organizados resultam de uma memória coletiva que cada participante possui do sistema dentro do qual ele contribui. De acordo com sua pesquisa, quando um comportamento é repetido com bastante frequência, ele forma o que foi chamado de "campo morfogenético", que gera uma "ressonância mórfica" através do espaço e do tempo.[8] Sheldrake acredita que isso se aplica a sistemas como moléculas, cristais, células, plantas, animais e sociedades coletivistas. Embora condenados pelos críticos como heresia, os pontos de vista de Sheldrake não são tão facilmente dispensados. Formado em ciências em Cambridge e depois bolsista da Royal Society, Sheldrake baseia sua teoria na ideia de que a memória é de alguma maneira inerente à natureza — um fenômeno que continua a aparecer em outros ramos da ciência.

Por exemplo, os campos científicos da biologia e da mecânica quântica estão chegando juntos na explicação de como os sistemas biológicos que exibem comportamento sincronizado, como as aves migratórias, podem estar sujeitos a princípios quânticos.[9] Outros pesquisadores estão investigando de que modo os processos quânticos, como o entrelaçamento e a sobreposição, podem governar comportamentos encontrados na natureza.[10] E cada vez mais a mecânica quântica é suspeita de estar presente nos processos do cérebro humano.[11] Se for verdade, bilhões de incontáveis padrões distintos poderiam existir ao mesmo tempo. Então, talvez reunidos por qualquer que seja o efeito do observador para os humanos, o padrão único que surge é aquele que ocorre para a pessoa na forma de um pensamento consciente.[12]

Esta teoria sugere que o tamanho de um cérebro físico não necessariamente determina a qualidade do pensamento ou mesmo se alguém está ou não pensando. Sheldrake também teorizou que o cérebro humano pode estar acessando campos que não prescindem do cérebro físico, mas possivelmente atuando como uma espécie de antena. Em apoio a essa teoria, vemos relatos de pessoas nascidas com apenas 25% de um cérebro normal ou submetidas a cirurgias de remoção de parte de seu cérebro. Em muitos desses casos, as pessoas têm vivido normalmente com QI médio, embora possuam muito pouca massa em termos cerebrais[13] — isso sugere novamente que a consciência pode ser quântica e, portanto, não local, o que significa que os pensamentos podem existir em algum lugar fora do mundo físico e não somente em organismos com base biológica.

Se nosso cérebro gera padrões de energia a partir de um campo quântico e agem como antenas de um campo de pensamentos que está à nossa volta, nós seríamos capazes de qualquer pensamento a qualquer tempo. Eu usei essa abordagem para escrever este livro. Ao começar a explorar as muitas explicações para as minhas inusitadas experiências de vida, enveredei por profundos tópicos de pesquisa em campos nos quais eu não tinha treinamento formal, mas em vez disso eu me imaginava já familiarizada com eles, incluindo a física, a física quântica, a biologia e a neurociência. Respostas para ampliar minhas perguntas apareciam espontaneamente para mim quando eu menos esperava. De alguma maneira, este livro examina ideias da ciência que ainda não haviam sido exploradas por mim, uma não cientista. Obviamente, eu também cumpri minha tarefa: o material contido neste livro foi revisado e considerado cientificamente rigoroso por um renomado cientista.

Quando entramos no estado de percepção concentrada, geramos ondas teta (entre outras), que frequentemente são associadas ao hipocampo, a parte do cérebro associada à memória. Esse estado possivelmente também aumenta nossa habilidade de acessar a memória coletiva. Quando você se sentir preso ou desperdiçando seu tempo, e precisar de *insights* rápidos, experimente essa simples e poderosa prática.[14] Eu a uso sempre que me sinto paralisada por algum pensamento ou sentimento que me impede de estar completamente presente ou tomando uma atitude que eu gostaria de tomar. Eu sei que esses pensamentos e sentimentos paralisantes não apenas afetam o modo como vivencio o tempo, mas resultam em desperdício de tempo. E, até que eu retorne para um estado de percepção concentrada, o tempo não é meu aliado, mas meu inimigo.

PRÁTICA: TENHA *INSIGHTS* QUANDO PRECISAR

Sente-se confortavelmente onde não será perturbado e sem pressão de tempo. É melhor se você estiver sozinho, embora não seja obrigatório. Também é melhor fechar seus olhos e melhor ainda se estiver no escuro. Nada disso é obrigatório, mas otimiza seu cérebro para ser mais receptivo.

Conduza-se para um estado meditativo usando a prática "Crie um estado de percepção concentrada", do capítulo 6. Então pergunte a si mesmo: *O que eu realmente sei sobre isso?* Insira o assunto sobre o qual você deseja saber no final da pergunta, como, por exemplo, *O que eu realmente devo saber sobre o porquê de eu ficar adiando ligar para o meu irmão (ou de ir ao médico, ou de pedir um aumento)?*

Sente-se em silêncio por quanto tempo quiser. Não se preocupe em não obter uma resposta imediatamente, embora sempre surja algum tipo de resposta em nossa mente. Quando um pensamento, ideia, imagem ou outra coisa aparecer para você, lembre-se do que é aquilo, como, por exemplo, *Tenho medo de que o meu irmão me critique.*

Repita a pergunta, desta vez inserindo a resposta no final: *O que eu realmente devo saber sobre o porquê de eu ter medo de que o meu irmão me critique?* Aguarde pelo novo pensamento ou resposta e novamente insira esse pensamento ou resposta no final da mesma pergunta.

Repita essa sequência de perguntas e respostas até sentir que tem mais informações do que quando começou.

12

Telepatia

Chegue aos outros rapidamente

Em um experimento recente conduzido por pesquisadores da Harvard Medical School, da Axilum Robotics (França) e da empresa de pesquisas Starlab (Barcelona), um indivíduo na Índia foi capaz de comunicar as palavras "hola" e "ciao" para três outras pessoas na França usando apenas comunicação cérebro a cérebro. A "comunicação cérebro a cérebro" significa que as palavras não foram ditas, enviadas por mensagem ou digitadas em algum lugar, mas que ocorreram apenas no cérebro dos indivíduos participantes da pesquisa. Esta foi uma das primeiras instâncias de comunicação cérebro a cérebro comprovadas até agora, e pesquisadores esperam que isso inspire mais pesquisas que um dia se tornarão novas formas de comunicação para aqueles que não podem falar.[1] Isso significa que a telepatia é real? Muitas iniciativas de pesquisas sugerem que sim.[2]

Um experimento dessa natureza realizado na Universidade de Washington envolvia enviar um sinal cerebral de um pesquisador para o outro lado do *campus*, fazendo com que o outro pesquisador mexesse seus dedos sobre um teclado.[3] Descrita como a "primeira interface cérebro a cérebro humano", os pesquisadores se conectaram a uma máquina de eletroencefalograma para registrar a atividade elétrica no cérebro.

Eles usaram ventosas com eletrodos, com uma das ventosas colocada diretamente sobre a parte do cérebro que controla o movimento da mão. Os dois laboratórios do *campus* trabalhavam de modo coordenado, mas não havia comunicação entre eles. Então, um dos pesquisadores reproduziu um *videogame* imaginário no qual ele imaginava mover sua mão direita para pressionar a tecla de espaço para "disparar" um canhão (sem realmente mover a mão). Ao mesmo tempo, do outro lado do *campus*, o dedo indicador direito do outro pesquisador se moveu involuntariamente. Embora essa experiência fosse uma comunicação de via única, os pesquisadores procuravam maneiras de demonstrar conversas bidirecionais diretamente entre dois cérebros.

A comunicação cérebro a cérebro não parece estar limitada aos seres humanos. Na década de 1960, Cleve Backster era considerado um pioneiro na arte do interrogatório quando criou o primeiro polígrafo da CIA. O método usado em polígrafos (ou seja, testes de detector de mentiras) é a resposta da membrana galvânica, que se refere a mudanças na resistência elétrica da pele de alguém como resultado de seu estresse emocional, medido com uma ferramenta chamada galvanômetro. Mais tarde em sua carreira, Backster mudou seu interesse em testar humanos para testar plantas e animais, o que começou quase por acidente quando ele decidiu conectar a planta de sua casa ao detector de mentiras. Ele descobriu que plantas e outras formas biológicas de vida eram capazes de detectar e responder a pensamentos e emoções humanas sem nenhum contato físico por meio do processo de resposta galvânica da pele. Essa pesquisa foi posteriormente expandida no livro de 1973, *The Secret Life of Plants,* de Peter Tompkins e Christopher Bird.[4]

Uma explicação quântica para esses fenômenos pode mais uma vez ser encontrada na interseção da mecânica quântica e da biologia. Como expliquei na Parte 1, apesar de ninguém nunca ter testemunhado processos quânticos em nosso mundo macroscópico, os cientistas cada vez mais se perguntam quais seriam os efeitos de longo alcance do mundo quântico e como seriam presentes o bastante a ponto de claramente afetar os seres vivos. Recentemente, pesquisadores relataram o bem-sucedido entrelaçamento de matéria biológica (na forma de bactérias) com partículas de energia (na forma de fótons), gerando mais evidências de que a transição da teoria quântica do campo teórico para o físico pode ser apenas uma questão de *quando* e não de *se*.[5] Ainda, outros pesquisadores tentam demonstrar o entrelaçamento quântico para uma partícula macroscópica que não esteja em um cérebro, mas em um objeto inanimado. O exemplo mais clássico é o teste de Bell, da década de 1960, que por muito tempo tem sido citado como a confirmação de que o entrelaçamento quântico ocorre em coisas físicas.[6] Recentemente, pesquisadores decidiram reencenar o teste de Bell usando cem voluntários humanos. Os voluntários, com aparelhos de monitoramento cerebral na cabeça, foram instruídos a afetar os resultados de geradores de números aleatórios localizados a cem quilômetros de distância. Os resultados ainda não são conclusivos, mas, se algum dia forem, talvez encurtem muito o caminho para demonstrar que as partículas exibem comportamentos significativos no mundo macroscópico.[7] De qualquer forma, a possibilidade aponta para o modo nada convencional de como a teoria quântica nos compele a pensar sobre como o nosso mundo funciona.

Do ponto de vista da ciência do cérebro, pesquisadores acreditam que nosso cérebro pode ser programado para captar as intenções e as emoções dos outros quando estão em nossa presença.[8] Mas para se conectar a qualquer distância, qualquer que seja o tipo de conexão, é necessário que seja permitido que uma pessoa esteja na mesma "frequência" de outra. Eles acreditam que o sistema límbico do cérebro pode ser parte dessa conexão.[9] O sistema límbico lida com a memória, bem como as emoções, regulando as substâncias químicas liberadas diante de estímulos emocionais. A frequência de onda cerebral teta se identifica com o sistema límbico, o que faz sentido, pois essas ondas estão associadas à intuição e a estados alterados de consciência.

Eu frequentemente envio pensamentos para outras pessoas no decorrer do meu dia de trabalho. Recentemente, eu precisava fazer a um amigo, um especialista em contabilidade, uma pergunta específica do mercado financeiro. Em vez de chamá-lo imediatamente, porém, relaxei em minha mesa usando a percepção concentrada. Visualizei meu amigo Rich, que mora em Nova York, como se estivesse bem na minha frente. Então me concentrei em enviar as palavras "Me ligue", como se eu estivesse falando diretamente com ele. Descobri que enviar uma simples palavra ou imagem funciona melhor. Liguei para ele em seguida — e ele atendeu no primeiro toque. Depois que eu disse "Olá", ele comentou: "Estava pensando em ligar pra você". Eu já até me revezei recebendo e enviando mensagens a um amigo que sabia que eu as estava enviando, mas ele não sabia o que as mensagens diziam. Tente fazer isso com outros e também com animais de estimação. Você vai se surpreender ao descobrir a força da conexão mental que você e seus amigos têm.

PRÁTICA: CHEGUE AOS OUTROS RAPIDAMENTE

Comece relaxando calmamente e entrando em um estado meditativo usando a prática "Crie um estado de percepção concentrada", do capítulo 6.

Traga à mente uma cena vívida do que você quer experimentar como resultado do envio de sua mensagem, como atenderem ao seu telefonema e que seja a voz da pessoa com quem você está tentando falar, ou olhar para sua caixa de entrada de *e-mails* e que o *e-mail* pelo qual você estava esperando tenha chegado.

Visualize a pessoa que você quer que receba a sua mensagem. Se você estiver distante do receptor, olhar para uma foto da pessoa pode ser útil antes de começar a visualizá-la.

Traga à mente sentimentos que você tem quando interage cara a cara com essa pessoa. Sinta essas emoções como se a pessoa realmente estivesse na sua presença. Concentre-se nesses sentimentos e acredite que vocês estão criando uma conexão entre si.

Concentre-se exclusivamente em uma única imagem ou palavra que você quer ouvir ou ler. Visualize-a com o máximo de detalhes possível e focalize sua mente apenas nela. Concentre-se em sua aparência, em como seria tocá-la e/ou em como ela faz com que você se sinta.

Depois de formar uma clara imagem mental, transmita sua mensagem para a pessoa, imaginando as palavras ou os objetos viajando de sua mente até a mente do receptor. Visualize-se cara a cara com o receptor e diga "Gato", ou o que quer que você esteja transmitindo. Visualize em sua mente o ar de compreensão em seu rosto ao entender o que você está dizendo a ele.

Agora, tome consciência de que o que você quer que aconteça já aconteceu, completamente, de todas as maneiras possíveis. Vivencie a sensação de alívio de que não há mais nada por fazer. O que você queria fazer já está totalmente feito. Deixe que essa sensação banhe todo o seu corpo, como se mergulhasse em um lago gigante, cada vez mais e mais fundo.

Quando terminar, pare abruptamente e abra os olhos. Ao fazer isso, você vai sair do estado meditativo e parar de pensar sobre a cena vívida, ao mesmo tempo que suas ondas cerebrais mudam para beta.

13

Supervisão

Verifique imediatamente o que é mais importante

Quando eu vivia na Flórida, fui removida de casa em razão de diversos furacões. A previsão de um em especial era que atingiria diretamente a minha comunidade, e que minha casa estava na zona crítica de inundação. Recebemos a ordem de evacuação obrigatória, e eu não tive tempo suficiente de preparar todas as minhas posses. Enquanto cumpria a ordem, usei a ferramenta da minha imaginação para "ver" tudo seguro e seco (ver capítulo 7). Não assisti às imagens aterrorizantes nos canais de notícias; em vez disso, simplesmente me concentrei na imagem da minha casa intacta. Também usei minha visão remota para verificar dentro da casa, para "ver" se o interior não havia sido afetado. Quando era seguro retornar, contra todas as chances, entrei em uma casa seca e intocada. Enquanto casas vizinhas foram inundadas, por alguma razão a minha se salvou. O único dano aparente foi resultado de uma maré que chegou ao quintal até a parede externa, mas não passou dali. Se eu simplesmente me confortei em "ver" minha casa intacta ou se há mais significado nisso, o fato é que experiências como a minha não são nem incomuns nem novidade.

A maioria das pessoas teve experiências como a de ver uma imagem repentina de um amigo em perigo ou de alguma forma saber que um encontro casual aconteceria dali a alguns momentos. Na verdade, humanos já relatam esse tipo de experiência, por vezes usando as expressões segunda visão, visão extrassensorial ou visão remota, há milhares de anos. A visão remota ocorre quando as pessoas são capazes de visualizar objetos e locais dos quais estão fisicamente separadas e que de outra forma seria impossível de serem vistos. Segundo pesquisadores do Stanford Research Institute (SRI), a visão remota é bastante real.

Em meados da década de 1970, alegou-se que a Agência Central de Inteligência dos Estados Unidos, a CIA, havia contratado o pesquisador do SRI, Russell Targ, para desenvolver a capacidade de visualização remota de alvos, como pessoas e lugares.[1] Mais de uma década depois, um grupo de observadores remotos foi criado para determinar se poderiam ver remotamente pessoas e locais de interesse nacional.[2] Em um dos casos, foi pedido ao observador remoto Keith "Blue" Harary que fizesse relatórios ao SRI durante uma crise com reféns no Irã. No decorrer da missão, ele pareceu identificar um refém, Richard Queen, em posse de militantes iranianos. Queen estava extremamente doente, com esclerose múltipla, o que Harary identificou ao observá-lo remotamente. Mais tarde, depois que os iranianos libertaram Queen, aparentemente porque não queriam que ele morresse sob sua custódia, uma equipe médica dos EUA confirmou o relatório de Harary sobre a saúde de Queen. Posteriormente, quando Queen foi interrogado, foi relatado que ele teve um ataque de fúria, pois desconfiou que algum de seus sequestradores iranianos trabalhava para os EUA — porque, afinal, de que outra forma os EUA poderiam saber sobre a sua doença?[3]

Podemos acessar informações além de nossa consciência sensorial? Essa questão ainda permanece sem resposta, embora disciplinas não paranormais, como a física, consigam explicá-la. Quando Einstein divertidamente chamou o fenômeno da física quântica conhecido como entrelaçamento de "assustadora ação a distância", ele estava se referindo a partículas que parecem instantaneamente influenciar umas às outras, como se entrelaçadas, mesmo distantes entre si. Essa ideia de "consciência não local" sugere que a mente humana pode de alguma forma operar fora das leis da física clássica e poderia também estar sujeita às leis da física quântica. Embora a "assustadora ação a distância" tenha sido dispensada por Einstein durante sua vida, os físicos agora têm objetos observáveis sendo influenciados por forças não locais que são maiores e estão a grandes distâncias. Qual a distância máxima possível entre partículas entrelaçadas? Ninguém sabe. Há demonstrações recentes tão distantes como da Terra para um satélite no espaço.[4] Seriam as centenas de milhares de experimentos de visualização remota observados pelos cientistas a evidência do entrelaçamento quântico?

Desse pensamento intrigante nasceu o campo de estudo chamado consciência quântica, que considera se fenômenos como visão remota, recepção (capítulo 11) e envio de pensamentos (capítulo 12) podem ser explicados pela teoria quântica. À medida que mais pesquisas são conduzidas, podemos descobrir se as experiências que consideramos transcendentes realmente existem e se podem ser explicadas pela ciência.

Reunindo tudo o que aprendemos até agora, eis aqui uma possível explicação para o modo de funcionamento da visão remota. Se o entrelaçamento quântico é possível, algum aspecto de sua mente subconsciente pode já saber informações sobre o que você deseja ver remotamente (o alvo). A informação que chega da sua mente subconsciente pode ser interpretada pela sua mente consciente. Ao praticar a percepção concentrada e gerar ondas cerebrais teta, associadas à intuição e a estados alterados de consciência, você pode estar criando uma maneira de comunicar esse conhecimento para a sua mente consciente. Geralmente, porém, não acontece algo como obter uma imagem clara diante de nossos olhos. Em vez disso, as pessoas relatam que a visão remota ocorre através de sensações e sentimentos sutis, que então são interpretados por ela.

Aliás, não é preciso ser um espião para usar a visão remota de modo positivo e produtivo. Minha amiga Carly usa essa abordagem para ajudar pessoas a encontrar animais de estimação perdidos. E eu a uso sempre que preciso encontrar chaves ou óculos. É claro que qualquer ferramenta pode ser usada da maneira errada, bem como pode ser usada para o bem. Assim, muitas pessoas agora acreditam que todos podem ter resultados impressionantes usando a visão remota. Tente esta prática e veja por si mesmo.

PRÁTICA: VERIFIQUE IMEDIATAMENTE O QUE É MAIS IMPORTANTE

Ao se preparar para esta prática, peça a um assistente ou amigo que escolha de cinco a sete fotos de uma revista — ou que as imprima da internet. Essas fotos devem ser de locais reais que sejam icônicos e familiares, como a Torre Eiffel, o Grand Canyon ou uma metrópole. Esses serão os seus "alvos". Peça que disponham as fotos viradas para baixo em uma pilha dentro de uma caixa ou envelope fechados.

Quando estiver pronto para começar, use um papel em branco e uma caneta ou lápis para escrever suas impressões. Então relaxe seu corpo o mais profundamente que puder usando a prática "Crie um estado de percepção concentrada".

Comece a imaginar como seria estar em outro lugar de sua casa ou do lado de fora, caso esteja dentro de casa, ou no quarto, se estiver na sala. Quanto mais relaxado estiver, mais atentamente você será capaz de se concentrar na sensação de estar em outro lugar.

Agora imagine-se dentro da caixa ou envelope de fotos, olhando para a pilha de cima para baixo. Vire a primeira foto com sua mente. Extraia apenas impressões básicas do que você está vendo. Tente sentir o que você acredita ser a imagem mais evidente do alvo: É algo natural ou construído? É algo sobre a terra ou na água? Escreva a primeira coisa que você visualizar.

Esboce um desenho do alvo. Leve quanto tempo for necessário para observar as cores e as formas do que você vê.

Agora imagine-se flutuando sobre o alvo, a vários metros acima dele. Anote em seu papel suas impressões sobre o alvo visto de cima.

Complete essa prática com o primeiro alvo, escrevendo um resumo de tudo o que você viu. Inclua toda informação que chegar até você com o máximo de detalhes, mas tente não julgar nada. Lembre-se de incluir as informações sensoriais, como cheiro, cores, sabores ou temperatura. Você talvez enxergue formas e padrões embaçados, que são chamados de "dimensionais". Observe se você sentiu uma reação emocional sobre o alvo.

Remova a primeira foto da pilha e compare-a com as suas impressões.

Quando estiver pronto, repita esses passos com as outras fotos da pilha.

Ao terminar, mesmo se você não se conectar com nenhuma das fotos, não se decepcione. Um dos objetivos da visão remota é tanto aprender coisas sobre si mesmo como sobre o alvo. A visão remota é uma habilidade que pode ser desenvolvida ao longo do tempo com grande sucesso, e você pode aplicá-la aos assuntos que mais lhe interessam.

14

Amor

Use a gravidade metafísica

Certa noite, uma mulher e seu marido esperavam no semáforo em sua *picape,* a caminho de casa, depois de saírem para jantar. Um Camaro passou à frente deles, em alta velocidade, e, para seu horror, eles viram o carro atingir um ciclista e continuar ainda por cerca de dez metros com o ciclista embaixo dele. O marido saiu da *picape* e levantou a frente do Camaro o suficiente para permitir que o motorista do carro tirasse o ciclista seriamente ferido de debaixo do carro. Embora fosse um experiente levantador de peso, o marido até hoje não consegue explicar como fez aquilo: "Seria impossível eu levantar um carro neste momento". O recorde mundial de levantamento terra de peso é de cerca de 500 quilos, e o Camaro pesa mais de 1,3 tonelada. O homem de alguma maneira convocou sua habilidade de levantamento de peso para tirar do chão parte de um carro de cerca de 700 quilos visando salvar a vida de um completo estranho.[1] Nesse momento de extremo perigo, ele espontaneamente demonstrou uma força incrível para executar esse ato heroico. Pesquisadores se referem a esses episódios como "histéricos" ou "sobre-humanos" e sugerem que a produção de adrenalina do corpo diante de circunstâncias de riscos vitais pode contribuir para isso. Mas, de acordo com pesquisas biomecânicas, a adrenalina não é suficiente para transformar um ser humano médio em um super-homem.[2]

Outra teoria defende que, quando fazemos algo para outra pessoa, como no caso do homem que sentiu a necessidade urgente de salvar a vida do ciclista, somos capazes de transcender o medo e o desconforto físico que normalmente nos impede de realizar tais atos heroicos. Em 2014, o maratonista Meb Keflezighi venceu a Maratona de Boston. Ele atribuiu sua surpreendente vitória ao intenso desejo de homenagear as vítimas de um ataque terrorista ocorrido naquele mesmo evento um ano antes.[3] Na verdade, um estudo com a participação de centenas de milhares de trabalhadores de uma ampla gama de indústrias descobriu que, quando o trabalho dos participantes afeta positivamente a outros, sua motivação e seu desempenho no trabalho melhoram, resultando em sentimentos de autotranscendência.[4] A percepção concentrada dessas pessoas e outras que experimentam esse senso de autotranscendência provavelmente se manifestam na forma de estados meditativos das ondas cerebrais, como teta ou gama. Para o maratonista Meb Keflezighi, seu intenso desejo de honrar outras pessoas significou que ele literalmente correu mais rápido do que os outros para vencer. Para aqueles que sentem que seu trabalho afeta a outros positivamente, isso significou menos tempo desperdiçado e uma atuação mais eficiente. Mas isso é tudo o que há nesse cenário?

Uma célebre figura da ciência acreditava que havia mais. Richard Buckminster Fuller, o futurista do século XX, sugeriu que "O amor é a gravidade metafísica".[5] Essa crença aparentemente se formou durante sua busca pelos princípios que regem o universo. Para que ele conseguisse identificar esses princípios fundamentais, seria preciso que as leis da física e da natureza se baseassem em um processo universal — uma teoria de tudo. Para Fuller, o contínuo fluxo de energia que passa por nosso cérebro na forma de ideias, sentimentos, sonhos e emoções tem uma notável semelhança com o eletromagnetismo. E o amor carrega uma impressionante semelhança com a gravidade como força aglutinadora na montagem do universo.

Uma nova teoria apoia a ideia de Fuller, sugerindo que o que quer que gere pensamentos, sentimentos e desejos em nosso cérebro — a consciência —, sua origem está na teoria quântica. Chamada de cognição quântica, essa teoria combina neurociência com psicologia para sugerir que a consciência não é um computador, mas uma espécie de universo baseado no *quantum*. E, por ser baseado no *quantum*, esse universo permite as ambiguidades e os paradoxos rotineiros da mecânica quântica, incluindo a dualidade onda-partícula e a sobreposição quântica.[6] O efeito é que podemos manter diferentes ideias, sentimentos e emoções em nosso cérebro até que, por algum processo, eles se resolvem, como o gato de Schrödinger. Esta é uma metade da teoria de Fuller. A outra metade, "amor é gravidade", é aquela em relação à qual até mesmo os cientistas notam uma incrível semelhança com partículas subatômicas entrelaçadas. O amor é misterioso e une as pessoas de maneiras que não entendemos. E amar é muito parecido com o entrelaçamento quântico, no qual partículas podem estar intimamente ligadas entre si, mesmo que a grandes distâncias. Recentemente, pesquisadores estudaram se o entrelaçamento poderia ser o *link* entre a gravidade e o mundo quântico.[7]

Não que isso prove que o amor é realmente a gravidade quântica. Assim, muitas pessoas experimentaram eventos inexplicáveis envolvendo outras pessoas queridas,[8] incluindo a mim. Um amigo por quem sinto muita afeição precisava refinanciar sua casa em Manhattan logo depois da grande recessão de 2008. Ele precisava urgentemente reduzir seus pagamentos mensais, e a taxa de juros de seu contrato era muito maior do que as praticadas, devido ao *crash* da bolsa de valores. Todos os dias eu imaginava a mesma coisa para o meu amigo: sentada com ele em uma mesa de reuniões, eu lhe entregava minha Montblanc para que assinasse sua nova hipoteca. Ao mesmo tempo que eu fazia isso, também procurava encontrar uma financeira que assumisse sua hipoteca multimilionária. Imaginei essa cena todos os dias por um ano, enquanto também desejava isso com o coração. Então, em 2010, como resultado de um encontro casual com um velho conhecido, acabei me deparando com alguém que estava disposto a fazer o empréstimo enquanto todos os outros se recusavam. Em abril de 2011, eu me sentei na mesa de reuniões que havia imaginado e entreguei minha caneta ao meu amigo. O credor então comentou: "Como esse empréstimo aconteceu?". Encarei o credor do outro lado da mesa e disse "Mistérios da vida", e me virei sorrindo para o meu amigo. Eu sabia que meu intenso desejo de ajudar o outro tinha atuado nesse resultado extraordinário que de outra forma teria levado muito mais tempo ou nunca teria acontecido. De alguma maneira, minha forte afeição havia mudado a vida do meu amigo.

Existem muitos livros sobre o que as pessoas chamam de "manifestação". Mas eu descobri que a maneira mais poderosa de "manifestar" a realidade é desejar algo por alguém com pura afeição ou amor. Por que essa é a maneira mais poderosa? Porque desejar algo a alguém gera sentimentos, e não pensamentos. Quando desejamos intensamente algo para alguém, é improvável que surjam pensamentos que possam se transformar em medo. Não temos medo de que essa pessoa não consiga o que ela quer; aquilo não tem muito, ou nada, a ver conosco. É por isso que desejar por outro, com afeição ou amor, contribui tão poderosamente para criar coisas que queremos que aconteçam — seja desejando algo tão pequeno como que seus filhos cheguem a tempo para a aula de iatismo, ou tão grande como uma hipoteca de milhões. Essa experiência é um estado de percepção concentrada, em que a autotranscendência assume o controle de ondas cerebrais presentes como teta, delta e gama. Se o amor pode estar presente nas leis do universo, então sentir amor intenso pode gerar um estado de ondas cerebrais de autotranscendência que realmente afeta o mundo físico se a realidade for de fato parte física e parte percepção.

Para criar a partir de um estado de afeição ou amor, você pode usar a prática "Experiencie sua vida antecipadamente" (capítulo 7), vendo todas as experiências que deseja que aconteçam naquele dia como em um filme estrelado por você. Como em qualquer filme mental, o segredo é não se indispor com ele; assista-o e liberte-se imediatamente. Por quê? Se você se indispuser com ele, seu cérebro vai começar a gerar pensamentos de medo e desfazer o estado de percepção concentrada que seus sentimentos poderiam criar.

Ou você pode tentar a prática "Use a gravidade metafísica", a seguir.[9] Ela é cultivada nas principais culturas espirituais do mundo há centenas ou milhares de anos, incluindo o judaísmo (Cabala) e o cristianismo (por místicos como Madre Teresa de Ávila), no antigo Egito e na Índia.

PRÁTICA: USE A GRAVIDADE METAFÍSICA

Relaxe o mais profundamente que conseguir com a prática "Crie um estado de percepção concentrada". Então focalize sua consciência no centro do coração, no centro de seu peito, e mantenha seu foco ali.

Comece a imaginar como é seu coração dentro do peito enquanto ele bombeia sangue. Continue concentrado até que você possa ver, perceber ou sentir seu coração físico diretamente à sua frente.

Em sua mente, dê a volta até a parte de trás do seu

coração até que ele fique exatamente diante de você. Procure por uma dobra ou uma fenda em seu coração grande o suficiente para que você possa entrar. Sinta-se chegando cada vez mais perto do lugar por onde você poderá entrar. Agora, entre na dobra da maneira que lhe parecer mais confortável.

Sinta-se caindo até parar subitamente para que fique em pé em uma câmara minúscula e secreta dentro do seu coração. Veja a luz se você quiser que haja luz. Volte sua atenção para sentir o que está acontecendo à sua volta, o movimento e o som.

Comece a se lembrar de sentimentos de amor ou gratidão e expresse esses sentimentos com seu coração visualizando alguém que você ama, tal como o seu cônjuge, um membro da família ou um animal de estimação.

Pense em algo que você gostaria que ocorresse à pessoa amada, como por exemplo conseguir o emprego que deseja, curar-se de uma doença ou encontrar um novo parceiro para a vida.

Mantenha seu foco no centro do coração em seu peito, olhando de cima para baixo com os olhos ainda fechados. Quando se sentir pronto, abra os olhos.

15

Morte

Nunca fique sem tempo

Economista e psicoterapeuta, minha mãe tinha uma mente científica menos aberta a explicações espirituais do que eu. Alguns anos atrás, quando ela estava à beira da morte com um câncer, conversamos muito sobre a morte. Contei a ela que eu acreditava que morrer seria como sair do corpo, quando nos livramos de nosso corpo, mas ainda sabemos quem somos. Eu lhe disse que ela talvez ainda estivesse na sala depois de seu falecimento e que seria capaz de manipular eletricidade — ela poderia dar uma demonstração se quisesse. Ela não concordou. Ao final, eu disse: "Se não for verdade, não se preocupe. Mas se puder fazer, pense nisso, ok?".

Minha mãe faleceu bem cedo naquela manhã em sua casa, na companhia de meu irmão médico e minha cunhada, minha irmã e eu. Depois que meu irmão anunciou que ela havia partido, ainda permanecemos no quarto por algumas horas. Mais tarde, deixamos o quarto para a sala de estar. Imediatamente, ao sairmos do quarto, o rádio ao lado de sua cama ligou no mais alto volume. "Estou aqui há dias", meu irmão disse, "e esse rádio não tocou nem uma vez." Sua esposa complementou: "A televisão acabou de desligar e ligar sozinha". Na manhã seguinte, o dispositivo de emergência médica de mamãe enviou um alarme para a central como se alguém o tivesse pressionado. Mas ele continuava do lado da cabeceira depois que seu corpo foi levado, dentro da casa trancada. Eu simplesmente sorri. Talvez minha mãe tivesse mesmo nos dado uma demonstração.

A ciência não provou definitivamente se o que anima o cérebro humano em vida continua após a morte, mas, de acordo com estudos, 4,2% das pessoas nos Estados Unidos tiveram experiências de quase morte, ou EQM. Isto sugere que cerca de quinze milhões de pessoas podem ter experimentado algo semelhante à consciência após um incidente de morte.[1] Esse número é provavelmente muito maior porque a maioria das pessoas, entre as quais eu me incluo, não informa imediatamente esse tipo de experiência e frequentemente leva anos para revelar o que acredita ter vivenciado. A maioria de nós ao menos ouviu histórias de pessoas que já sentiram a presença de alguém que já faleceu, ou nós mesmos já sentimos isso.

Embora a sabedoria comum sugira que experiências extraordinárias como essas são um aspecto do luto, pode ser que sejam mais do que isso. A morte geralmente é definida como o término irreversível das funções vitais do corpo, incluindo aquelas realizadas pelo coração, pelo sistema respiratório e pelo cérebro. Mas pesquisadores recentemente questionaram essa definição ao reanimar cérebros de porcos horas depois de mortos. Usando uma solução similar ao fluxo sanguíneo, os pesquisadores bombearam os cérebros com oxigênio e nutrientes. Eles descobriram que, embora mortos e removidos do corpo dos porcos há muito tempo, as células cerebrais voltaram a funcionar normalmente, permitindo que os neurônios carregassem sinais elétricos.[2]

Intimamente relacionadas com experiências de morte são as experiências fora do corpo, ou EFCs. Embora os pesquisadores tenham historicamente evitado o que poderia ser considerado ciência marginal, o fenômeno recentemente ganhou bastante atenção. Na verdade, pesquisas relatam que cerca de 10% das pessoas, quando questionadas, dizem já ter vivenciado EFC ao menos uma vez.

Mas, para provar que as EFCs são reais (ou seja, capazes de ser mensuradas), alguém teria de experimentar uma EFC em um ambiente de laboratório. Isso ocorreu recentemente quando pesquisadores da Universidade de Ottawa, no Canadá, estudaram o cérebro de uma pessoa conectada a um equipamento de imagem cerebral enquanto tinha uma "experiência extracorpórea".[3] Essa pessoa alegava ter essa habilidade desde a infância. Enquanto o cérebro era monitorado durante a experiência de EFC, os pesquisadores viram atividade em uma área suspeita de ser responsável pela autoconsciência. Essa parte do cérebro, chamada de junção temporoparietal, coleta e processa informações tanto dos sentidos externos do corpo como dos internos.

Embora a sensação de EFC seja bastante bem documentada em pessoas com anomalias cerebrais, ainda não foi muito bem estudada em pessoas saudáveis. As pesquisas continuam, com a publicação de um ensaio de pesquisadores do University College London reivindicando a habilidade de induzir uma EFC no contexto laboratorial.[4]

Independentemente de como uma EFC seja desencadeada, a ciência que a explica trabalha sobretudo com a ideia de que o cérebro está apenas sendo enganado de maneira a desencadear seu senso de autoconsciência. Essa teoria da EFC vai diametralmente contra os relatos de pessoas capazes de verificar que ainda estão no quarto após sua morte clínica, descrevendo detalhes que não poderiam ser descritos de outra forma. Chamados de "percepção verídica", esses tipos de relato permanecem controversos, pois os dados são escassos, com incidentes difíceis de replicar e sem nenhuma comprovação além de observações circunstanciais. Há um famoso caso verificado, no entanto, que envolveu a cirurgia cerebral da paciente Pam Reynolds.[5] Reynolds, após uma invasiva cirurgia cerebral para a remoção de um tumor, foi capaz de descrever o procedimento sobre o qual ela não tinha meios de saber, pois estava clinicamente morta no momento e foi posteriormente revivida. Como Reynolds poderia manter sua autoconsciência, normalmente associada à função cerebral, depois de estar clinicamente morta permanece um mistério.

Uma explicação para Reynolds e os milhões de pessoas que dizem ter experimentado consciência após a morte ou EFC pode ser o entrelaçamento quântico e o que é chamado de "consciência não local". Consciência não local é a teoria de que a consciência humana não está confinada a locais físicos específicos, como cérebros, corpos e momentos no tempo. O entrelaçamento quântico, agora com sua existência na biologia comprovada, está sendo sugerido como o mecanismo por trás da consciência não local.[6] Se a consciência não é um produto do cérebro físico, mas, em vez disso, é decorrente de algum outro fenômeno como o entrelaçamento quântico, então isso poderia permitir sua existência exterior ou até após a morte do corpo.

Se pudéssemos ter experiências extracorpóreas quando quiséssemos, será que gostaríamos? De acordo com William Buhlman, do Monroe Institute, os benefícios da exploração fora do corpo se estendem muito além dos limites dos nossos sentidos físicos e do nosso intelecto. Depois de uma experiência fora do corpo, muitas pessoas relatam um despertar interno de sua identidade espiritual e uma transformação do seu autoconceito. Elas se enxergam além da matéria — mais conscientes e mais vivas.[7] Outros benefícios das EFCs relatadas em todo o mundo nas últimas décadas incluem maior consciência da realidade, verificação pessoal da própria imortalidade, desenvolvimento pessoal acelerado, diminuição do medo da morte, aumento das habilidades psíquicas, cura espontânea, reconhecimento e experimentação da influência de vidas passadas, aumento da inteligência, memória e imaginação melhoradas.

Embora muitos relatem efeitos positivos duradouros resultantes das EFCs, aqueles que as vivenciaram raramente conversam sobre elas. Por exemplo, leia o relato de Elena sobre o que ela acredita ter sido uma experiência fora do corpo enquanto dirigia na Autobahn:

> Aos dezoito anos, eu morava na Alemanha e tinha acabado de tirar minha carteira de motorista. Certa noite, decidi dirigir na Autobahn pela terceira vez. As Autobahns alemãs sempre têm três faixas — lenta à direita, média no centro e velozes à esquerda. Por não me sentir muito confiante em minhas habilidades de motorista, escolhi a faixa mais lenta.
>
> De repente, vi o carro na minha frente colidir com outro. Fiquei chocada, pois não achei que seria possível frear a tempo de evitar mais uma colisão. Eu precisava mudar de faixa. Mas, ao olhar para a minha esquerda, percebi que outro carro se aproximava de mim pela pista do meio. Eu não podia sair da minha pista, e não podia frear a tempo. Em meu pensamento, eu não tinha como evitar sofrer um acidente.
>
> No momento seguinte, notei uma sensação estranha se apossar de mim, como se eu estivesse hipnotizada. Parecia que meus olhos agora estavam bem fechados, e então senti algo girar dentro da minha cabeça. Em seguida, não senti mais nada, como se eu estivesse em uma terra deserta e como se o tempo tivesse parado. Um momento depois, meus olhos se abriram e pude ver novamente. Eu dirigia na última faixa da esquerda — duas faixas distante de onde eu estava. Não havia como eu ter chegado lá sozinha sem bater naquele outro carro. Eu não me lembrava de ter cruzado a pista do meio até lá. Fiquei pensando: "Como isto é possível? Como foi que isso aconteceu?".

Foi como se meu carro tivesse sido içado e colocado na pista da esquerda enquanto eu dirigia.

No decorrer de tudo isso, contudo, eu não senti medo. Em vez disso, senti algo como a desaceleração do tempo. Na fração de segundo em que isso aconteceu, eu comparei em câmera lenta as minhas duas opções de bater no carro à minha frente ou de colidir com o carro ao meu lado. Então, enquanto eu não conseguia ver o que estava acontecendo — eu estava na terra de ninguém —, aquele momento pareceu ficar suspenso no tempo. Senti como se tivesse saído do meu corpo e que eu simplesmente não estaria presente para o que fosse acontecer. Somente quando o tempo voltou ao normal foi que senti o choque de estar viva, ilesa e dirigindo sem nenhum carro à minha frente.

Embora não exista uma explicação racional para o que ocorreu, o fato de que isso tenha acontecido me deu uma profunda sensação de alegria e alívio. Era como se eu tivesse me conectado com um poder superior. O sentimento de estar sendo observada e protegida nunca mais me deixou, mesmo que até hoje eu não saiba explicar. Mais uma coisa: não contei o fato imediatamente às pessoas porque não sabia o que dizer e porque eu era relativamente jovem na época. Achei que não acreditariam em mim ou me ridicularizariam.

Elena claramente vivenciou um estado de percepção concentrada despertada por um grave perigo. Assim como os atletas no estado de fluxo e a experiência em comum de desaceleração do tempo durante episódios de risco de vida, o cérebro poderia gerar espontaneamente múltiplos estados de ondas cerebrais como beta (alerta), alfa (relaxamento mental), teta (atenção plena) e gama (pico de atenção) para lidar com circunstâncias extraordinárias. As experiências fora do corpo são únicas porque combinam deformação e curvatura do tempo, como o que Elena experimentou, com uma verificação pessoal da própria imortalidade e a redução do medo da morte.

A prática a seguir pode ser usada para descobrir se você consegue viajar para fora de seu corpo. Se a consciência não é limitada pelo corpo, mas é de alguma forma não local e existe sem ele, então ela pode continuar depois que o nosso corpo morre. A morte pode não ser o fim da vida, e o tempo pode ser até menos limitado do que pensamos.

PRÁTICA: NUNCA FIQUE SEM TEMPO

Organize-se para começar esta prática à noite. Experiências fora do corpo bem-sucedidas estão relacionadas aos ciclos do sono. Com seu corpo adormecido e sua mente ainda ativa, você está pronto para uma experiência extracorporal.

Prepare um lugar confortável e seguro em sua casa para passar a noite e começar sua prática de EFC. Algumas músicas ou visualizações guiadas podem ajudar muito no adormecimento do corpo. Além disso, usar um suplemento de galantamina para a memória pode colaborar na produção de sonhos lúcidos e possivelmente acionar uma experiência fora do corpo.[8] Obviamente, antes de tomar este ou qualquer outro suplemento, consulte seu médico.

Entre três horas e três horas e meia depois de cair no sono, levante-se e vá para o lugar preparado anteriormente. Uma cadeira reclinável é o ideal. Recline-se suavemente na poltrona ou sofá, mas não se deite totalmente.

Repita as palavras "perder tempo" para si mesmo várias vezes com a voz de sua mente para concentrar sua percepção. Continue repetindo as palavras até perder sua atenção consciente.

Se você tiver um sonho vívido no qual pareça estar em outro lugar da sala, pense em sair pela porta mais próxima para se distanciar ao máximo do lugar onde adormeceu.

Observação: provavelmente isso não acontecerá imediatamente e será necessário praticar, mas uma EFC é o verdadeiro portal para vivenciar a experiência temporal sem grande esforço da maneira que você desejar.

16

Imortalidade

Transcenda o tempo

Em seu livro *Return to Life: Extraordinary Cases of Children Who Remember Past Lives,* Jim Tucker nos conta a história de Patrick, um menino de cinco anos capaz de relembrar a vida e as experiências de seu meio-irmão Kevin. Este, no entanto, morreu doze anos antes de Patrick nascer. Segundo o autor, Patrick diz que se lembra de nadar com seu primo, fazer uma cirurgia na orelha e brincar com seu cãozinho, experiências que somente Kevin teve. De maneira impressionante, essa conexão também parece se aplicar à parte física de Patrick, pois três marcas de nascença foram encontradas quase precisamente onde os tumores ou cicatrizes existiram no corpo de Kevin ao longo de sua vida.[1] Embora a história de Patrick seja incomum, porque a vida de que ele se lembra aconteceu há muito tempo, o livro de Tucker relata muitas experiências de crianças que dizem se lembrar de eventos que não deveriam ser capazes de recordar porque nunca os vivenciaram.

Esses relatos tiveram origem depois que Tucker entrevistou 2,5 mil crianças, a maioria delas com menos de seis anos. Professor de psiquiatria da UVA Medical School, Tucker concluiu de maneira controversa que a explicação mais científica para essas experiências infantis seria que elas na verdade estão se recordando de suas vidas passadas. Além disso, tendências interessantes emergiram dos dados coletados dos milhares de casos estudados por Tucker. Por exemplo, cerca de 70% das crianças relataram ter falecido como resultado de violência ou de forma antinatural, 90% das crianças relataram ser do mesmo sexo em sua vida atual e na sua vida anterior e que o intervalo entre sua morte e o nascimento em um novo corpo foi em média de dezesseis meses.

Como isso poderia acontecer? Uma teoria especulativa é que a vida poderia não ser apenas biológica, mas informacional. Pensar na "informação" como um fato sobre os predicados ou a existência de algo. Na física, acredita-se que matéria e energia são o que forma o universo. Recentemente, cientistas de um campo de estudos chamado processamento de informação quântica estão teorizando que o universo talvez seja um imenso *sistema* que processa informação — um computador — e dá origem à matéria e à energia, e não o contrário.[2] O argumento é o seguinte: porque (1) o universo é feito de átomos, bem como de outras partículas elementares; (2) as partículas subatômicas que compõem os átomos interagem entre si de acordo com as leis da mecânica quântica; e, (3) quando interagem, geram informação; portanto, (4) o que cria o universo é a informação. Pense em quando as ondas do oceano batem na praia. Cada molécula de água traz informações para a onda, como sua posição em relação a outras moléculas. Quando duas moléculas de água interagem, elas mudam de posição ou se movem como resultado do "processamento" dessa informação. Com um número incontável de moléculas de água interagindo umas com as outras, o resultado é a onda. Se esse tipo de cenário também é replicado no cérebro humano, o resultado poderia ser o pensamento e a sugestão de consciência.

Outra teoria que aplica princípios de computação quântica para o modo como os pensamentos têm origem no cérebro na forma de consciência vem de um gigante no campo da física, Roger Penrose.[3] A teoria sugere que o cérebro pode hospedar estados quânticos na forma de atividade neural em múltiplos estados ao mesmo tempo — ou seja, "ligado" ou "desligado" — em razão da sobreposição quântica. Assim, eles são como *bits* de informação em um computador quântico no qual eles próprios também estão "ligados" ou "desligados". Então, em um instante, a atividade neural se reúne em um único evento quântico que vivenciamos como o pensamento consciente. A maioria dos cientistas convencionais, contudo, não acredita que essa explicação seja possível. A "coerência quântica" que Penrose sugere é típica e extremamente relacionada ao ambiente e sensível à temperatura, e não acontece fora de circunstâncias altamente protegidas. Cientistas argumentam que o cérebro é molhado e quente demais para processos quânticos a ponto de ter qualquer função nesse sentido. Mesmo assim, Penrose continua convencido de que, para explicar o cérebro e a consciência, teremos de descartar a ideia de que a neurociência, a biologia ou até mesmo a física podem explicar tudo o que acontece.

Se nosso cérebro e nossa consciência são o resultado de computadores quânticos que geram informação, ou de campos quânticos nos quais grande número de partículas interage de maneiras que a teoria quântica permite, a conservação de energia é real — o que significa que nada é criado ou destruído, mas apenas muda de uma forma para outra. Esse princípio simples de que nada é criado ou destruído poderia explicar a aparente imortalidade das vidas passadas das crianças de Tucker. No mundo da física clássica, a informação pode ser deletada livremente. Mas, no mundo quântico, a teoria da conservação de informação quântica significa que a informação não pode ser criada nem destruída.[4] Se isso for verdade, então a informação quântica da vida das crianças falecidas poderia continuar viva em outras crianças.

As implicações práticas são indescritíveis. Para dar somente um exemplo, o segredo para a imortalidade não seria necessariamente fazer o corpo físico viver para sempre. Esse segredo seria que tudo e todos já são imortais, resultados da informação quântica que nunca morrerá. Muitas vezes sentimos que não temos tempo suficiente para fazer o que precisamos, acreditando que o tempo é nosso inimigo. A realidade pode ser bem diferente: o tempo é menos limitado do que pensamos. Se pudermos sentir que nossa natureza imortal se estende além do tempo, podemos sentir que temos todo o tempo do mundo.

Mas ainda permanecem questões sobre o que é a vida e como algo que está "vivo" se diferencia da matéria inanimada, ou de algo que não está "vivo". Séculos atrás, filósofos e cientistas teorizaram que os organismos vivos eram de alguma maneira avivados pelo espírito, ou uma "fagulha" de vida ausente na matéria inanimada. No século XIX, os avanços da ciência resultaram em uma mudança significativa daquela visão anterior: os organismos são compostos de moléculas, que são compostas de átomos, que estão sujeitos à química, à física e às leis da termodinâmica, que lhes conferem a vida. Sendo assim, os organismos vivos no nível molecular podem não ser diferentes de, por exemplo, motores a vapor que funcionam em razão de reações termodinâmicas. Organismos vivos seriam apenas extraordinariamente mais complexos.

No século XX, contudo, algo notável ocorreu. O misterioso e fantástico mundo da mecânica quântica foi descoberto, bem como o seu próprio conjunto de leis: partículas quânticas colapsam das funções de ondas como resultado da observação, podem existir em múltiplos estados ao mesmo tempo e apresentam conexões peculiares entre si, mesmo a grandes distâncias. Com as velhas formas de pensar a física cada vez mais eclipsadas pela nova fronteira científica, um dos gigantes da mecânica quântica, Erwin Schrödinger (lembra-se do gato de Schrödinger?), tentou responder à pergunta *O que é a vida?* Em seu livro homônimo de 1944, Schrödinger sugeriu que o funcionamento das células e do sistema nervoso pode ser explicado por leis da física já descobertas e outras ainda a serem descobertas: as células fazem parte de sistemas estatísticos, as mutações das células são como saltos quânticos, e os efeitos da entropia são o modo como as coisas se deterioram e se desmancham.[5] Quase um século depois, os avanços da ciência fornecem explicações baseadas na física quântica para processos biológicos fundamentais como a fotossíntese, as reações químicas enzimáticas e a orientação das aves migratórias. Pode ser que um dia os estudos de Schrödinger e de outros cientistas que continuam a explorar essa questões cheguem a essas respostas.

Enquanto isso, eu uso a próxima prática para entrar em contato com minha natureza imortal. Sempre que me sinto paralisada por um pensamento ou um sentimento que me impede de estar completamente presente ou de agir, eu a uso para ativar uma experiência de singularidade, de transcendência, de autossuperação ou de unidade de consciência, tipicamente associadas às ondas cerebrais gama, as quais se acredita que indicam o estado mais elevado da consciência. Ao desencadear intencionalmente esse estado, virtualmente garanto minha independência de qualquer pensamento ou sentimento que esteja me paralisando para que eu possa voltar a me sentir além do tempo.

Ao usar esta prática, você pode experimentar momentaneamente que tudo o que você imagina que seja separado de você na verdade é indistinguível de você. Afinal, tudo o que compõe o universo, incluindo a matéria, simplesmente se constitui de partículas quânticas interagindo entre si e gerando informação de acordo com uma teoria de tudo, na qual a realidade pode ser parte física e parte percepção. Nesse estado, todos os sentimentos de preocupação e medo podem desaparecer e ser substituídos por sentimentos de atemporalidade.

PRÁTICA: TRANSCENDA O TEMPO

Relaxe profundamente como quando vai fazer a prática "Crie um estado de percepção concentrada". Agora abra os olhos abruptamente. Olhe à sua volta. Pense o seguinte: *Tudo sou eu.*

Mantenha esse pensamento pelo tempo que conseguir, mesmo que sua mente lógica comece a reclamar. Quando seus pensamentos começarem a vagar, pense novamente: *Tudo sou eu.* Inclua tudo à sua volta em seu pensamento: a cadeira, o computador, a mesa, o livro — tudo.

Veja por quanto tempo você consegue focalizar a sua mente antes que seu cérebro comece a bombardeá-lo com pensamentos que interrompem sua concentração. Usa a sua vontade para reintroduzir a ideia de que *tudo o que está à sua volta é você.*

Técnica avançada: Aprimorando a experiência

Olhe ao seu redor e imagine que você se vê em todos os lugares para onde olhar. Não há uma separação. Então imagine que você está se vendo em tudo o que está à sua volta e que você é o criador de tudo. Você pode sentir limites entre você e, por exemplo, a mesa, mas em certo sentido eles são artificiais. Os átomos e as partículas subatômicas que compõem seu corpo e a mesa não são diferentes. Observe mais profundamente a sua mão e a mesa e imagine que essas fronteiras não existem.

17

Sugestão de uma prática diária para transcender o tempo

Agora que você atualizou sua construção do tempo e conhece algumas maneiras de aplicá-la na prática, o que vem a seguir? Como colocar tudo isso junto em algo que de fato crie uma mudança em sua experiência cotidiana do tempo? Aqui está uma sugestão para combinar a ciência do tempo com seu trabalho de transformação pessoal na forma de uma prática diária.

1. Prática matinal

Comece seu dia todas as manhãs com a prática da percepção concentrada (capítulo 6). Então pergunte a si mesmo: *O que é preciso fazer hoje?*

Com base no que você aprendeu ao fazer essa pergunta a si mesmo, escreva as principais prioridades do dia. Escolha priorizar essas coisas acima de todo o resto ao longo do seu dia, confiando que tudo o que acontecer será em favor dessas prioridades. Então, lembre-se disto:

O tempo é parte elemento físico e parte percepção. Eu posso mudar minha percepção de qualquer evento a qualquer momento ao me concentrar nele.

2. Ao longo do dia

O segundo segredo para transcender o tempo é permanecer no momento presente. Durante o dia, se você se sentir sobrecarregado, em pânico ou pressionado pelo tempo, pare o que estiver fazendo, encontre um lugar tranquilo e pratique a percepção concentrada (capítulo 6) para retornar ao momento presente.

Se ainda tiver dificuldade em permanecer no momento presente, pode ser que arrependimentos do passado estejam atrapalhando. Use a prática "Reverta o passado" (capítulo 8) para se libertar desses pensamentos paralisantes.

Da mesma forma, se estiver preocupado, ansioso ou com medo de que o futuro o impeça de permanecer no momento presente, use a prática "Não deixe o futuro te atrasar" e a técnica avançada "O que é verdadeiro?" (capítulo 9) para se libertar desses pensamentos.

3. Em caso de emergência

- Quando estiver atrasado para um encontro importante: "Estique o tempo" (capítulo 10)
- Quando tiver de finalizar uma tarefa urgente: "Tenha *insights* quando precisar" (capítulo 11)
- Quando precisar que alguém entre em contato com você ou se não tiver tempo de entrar em contato diretamente: "Chegue aos outros rapidamente" (capítulo 12)
- Quando precisar saber se alguém ou alguma coisa está bem, mas não há tempo de ir pessoalmente até lá: "Verifique

imediatamente o que é mais importante" na sua situação atual (capítulo 13)

- Quando alguém com quem você se importa precisa de algo: "Use a gravidade metafísica" (capítulo 14)
- Quando você se sentir sobrecarregado em sua situação atual e precisar de um rápido lembrete de que o tempo não é seu inimigo: "Transcenda o tempo" (capítulo 16)

4. Prática noturna

Todas as noites, antes de dormir, "Reverta o passado" (capítulo 8) para se libertar dele. Além disso, se você se sentir dominado por uma sensação de preocupação ou medo, use a prática "Não deixe o futuro te atrasar" com a técnica "O que é verdadeiro?" (capítulo 9).

Para mais fontes e ajuda para desenvolver suas próprias práticas de transcendência temporal e fazer o que precisa ser feito, visite o site allthetimebook.com.

Conclusão

Em 30 de junho de 2016, quando eu morava na Flórida, eu caminhava em uma praia local, como costumo fazer nas tardes de verão. Quando já estava para voltar, um veículo da polícia veio da rua para a praia, algo pouco comum, porque não parecia haver razão para aquilo. Enquanto eu observava o veículo sacolejando pela areia irregular, outra coisa chamou minha atenção. Só posso dizer que "vi" momentaneamente a palavra "polícia" na lateral do veículo de alguma forma se transformar nas palavras "oficial de paz".

Mais tarde, em casa, pensei no que tinha visto. Talvez algo tão simples como mudar o que as pessoas veem nos veículos da polícia para "oficial de paz" seja mais poderoso do que parece. Afinal, "oficial de paz" é como as leis municipais geralmente se referem a policiais de todos os tipos em todos os Estados Unidos. Esse é o termo que unifica todos os tipos de policiais em todos os lugares.

Isso foi exatamente quatro anos antes de junho de 2020, quando uma série de eventos no país expôs a questão de como a polícia vê seu papel nas comunidades em contraste a como os cidadãos queriam ser policiados. Ao pensar nisso, qualquer um de nós poderia ter tido essa mesma percepção quatro anos antes, se realmente tivéssemos observado a tendência de conflito crescente entre a polícia e as comunidades.

Me ocorreu que essa falta de conexão entre a polícia e os membros da comunidade era o papel percebido da polícia. Talvez, se pudéssemos mudar o modo como a polícia enxergava a si mesma e a forma como os cidadãos a enxergavam, conseguíssemos mudar a dinâmica do que estava acontecendo no país. Como resultado de minha formação em economia, em que aprendi a testar teorias em situações reais, decidi fazer o mesmo sobre esse assunto. Adivinhem o que aconteceu? A hipótese acabou se provando verdadeira. Algo tão simples como mudar a forma como a polícia e os cidadãos se enxergam mudou a dinâmica e reimaginou a conversa.

Acabei organizando a ação nacional sem fins lucrativos Police2Peace, que hoje une departamentos de polícia e comunidades em todo o país de maneiras que os enaltecem e aproximam, incluindo a introdução das palavras "oficial de paz" nesse cenário. A formação do Police2Peace foi chamada de "ridiculamente oportuna".

Não tenho policiais na família, nem histórico de treinamento ou apoio público à aplicação da lei. Em vez disso, a visão para a criação da Police2Peace se manifestou em mim no instante em que eu "vi" as palavras diante dos meus olhos. Depois disso, minha vida se transformou para sempre. Eu me comprometi com a causa da reforma da justiça criminal e continuo a defender a mudança em âmbito nacional. A pergunta que mais me fazem sobre essa experiência é: *Como você sabia o que tinha de fazer?* Minha resposta para isso está nestas páginas. Com as práticas que incluí neste livro, consegui reconhecer com facilidade que eu devia fazer e o fiz.

Com nossa vida diária inextricavelmente entrelaçada e dependente do tempo, somos levados a acreditar que sem a passagem do tempo nossas vidas praticamente não existiriam. O tempo define nossa experiência da realidade física. No entanto, agora aprendemos que o tempo não é apenas elemento físico, mas também se baseia em nossas percepções. Quando concentramos nossa percepção, mudamos nossa experiência do tempo. Quando mudamos nossa experiência do tempo, transcendemos o tempo e, portanto, o dominamos. Quando dominamos o tempo, dominamos a nós mesmos.

Minha pergunta para você é: *Você sabe o que precisa ser feito?*

Agradecimentos

A todos os meus parceiros ao longo do tempo que tornaram este trabalho possível, especialmente Don, Amanda, Steve, Jan, Diana e a equipe Sounds True: obrigada por sua inspiração, experiência e talento. Para meus dedicados colaboradores e leitores, especialmente Marcia, Lore, Devon, Anitra, Charlie, Elena, Anthony, Jules, Terry, Ben, Bill, Rich, Martha, Lana, Hunter, Stephen, Gordon, Lori, Lidia, Barbara, Pete, Meryl, Claudette, Dru, Evangeline, Patty, Mike, Patrick, Veronica, Philsha, Ross, Leslie, Joanie, Debra, Marci, Jack, Don Miguel, Bruce, Dean, Roger, Ori, Henry, George, David, Constance, Charlotte, Chris , Nick, Katy, Amy, Anne, Peter e Laura: obrigada por sua honestidade, consideração e incontáveis horas doadas. Para Donald Carlin, PhD, formado em física pelo MIT e Yale: obrigada por me manter no caminho certo. Para Arthur, Jim e Scott, por acreditarem que tudo é possível. Para Tony, que sempre me apoiou. E para Jerry, tenho certeza de que você está aqui em algum lugar.

Apêndice A
Ciência adicional

Ao longo deste livro foram feitas afirmações — que podem ser consideradas por alguns como extraordinárias — em apoio a certos argumentos e teorias. Aqui você encontrará a ciência adicional que explica essas afirmações.

Dualidade onda-partícula

Sabemos que os físicos quânticos estudam partículas ainda menores que os átomos e que elas parecem não se comportar da mesma maneira que as coisas que podemos ver, sentir e pegar — mas você sabe como eles descobriram essas partículas misteriosas e as leis que regem o seu comportamento?

Antes mesmo que a ciência quântica fosse uma mera ideia, Thomas Young anunciou, em 1803, que a luz tinha características que só poderiam ser explicadas se tivesse as propriedades de uma onda. Mais de cem anos depois, Albert Einstein provou que certas frequências de luz também existiam como "discretos pacotes de energia", como as partículas de luz chamadas "fótons". Ele ganhou o Prêmio Nobel de 1921 por sua teoria. Acreditava-se que essas duas teorias se aplicavam apenas à luz, até que a tese de doutorado de Louis de Broglie, em 1924, teorizou que os elétrons, assim como tudo o mais — matéria, elétrons e átomos —, poderiam ter tanto propriedades de ondas como de partículas. De Broglie ganhou o Prêmio Nobel de 1929 por essa ideia. Isso abriu as portas para a primeira teoria da física quântica comumente chamada de dualidade onda-partícula, um dos conceitos mais célebres da teoria quântica.

A dualidade onda-partícula se refere à ideia de que a luz e a matéria em geral podem se comportar tanto como onda quanto como partícula. Thomas Young, Albert Einstein e muitos outros depois deles usaram o mesmo tipo de experimento para demonstrar as propriedades de onda e de partícula dos fótons, comumente chamado de experimento da dupla fenda.

Ele funciona da seguinte maneira: primeiro, uma tela com uma única fenda é colocada entre a fonte de luz (fóton) e uma placa destinada a registrar onde os fótons pousaram. A luz é emitida da fonte, como pequenos projéteis de fótons disparados de um revólver. Como resultado da acumulação desses fótons, uma imagem difusa é criada pelos fótons que passaram pela fenda na tela e atingiram a placa atrás dela. O fato de se empilharem na placa do outro lado é a indicação de que os fótons se comportam como partículas. (Veja a imagem no capítulo 8.)

Não satisfeitos com esse resultado, esses primeiros pioneiros da física experimentaram o que poderia acontecer se cortassem duas fendas na tela.[1] Lembre-se de que eles estavam tentando disparar apenas um fóton, que eles supunham ser uma partícula sólida, então seria lógico supor que o fóton único passaria por apenas uma das fendas. Ou podemos pensar que eles obteriam duas imagens de fótons empilhados, levando em conta as duas fendas. Mas eles não tiveram nenhum desses resultados. Em vez disso, a luz parecia passar pelas *duas* fendas ao mesmo tempo. E em vez de se comportar como uma partícula de fóton, as imagens do outro lado das fendas se pareciam com ondas. Especificamente, eles acabavam se parecendo com dois conjuntos distintos de ondas que se cruzavam e interferiam um no outro, como duas balas disparadas em uma lagoa, onde as ondulações de cada impacto se estendem e interferem uma na outra.

O efeito do observador

Mas então por que esses fótons se comportavam como partículas nos experimentos de fenda única e como ondas nos experimentos de fenda dupla? Para saber mais, os cientistas instalaram sensores para observar os fótons enquanto viajavam pelas duas fendas até atingir a placa atrás da tela. Eis o que aconteceu: quando observado por um sensor, cada fóton se comportou como se tivesse passado por apenas uma das fendas. Em outras palavras, o padrão de onda na chapa fotográfica desapareceu, e eles obtiveram o que esperavam originalmente: fótons que se pareciam com partículas em vez de ondas do outro lado da fenda. Por mais estranho que parecesse, somente quando o fóton era observado pelo sensor passando por uma fenda ou outra é que seu comportamento mudava de onda para partícula. Além disso, os fótons se comportavam como uma partícula *ou* como uma onda; os cientistas não puderam observá-los se comportando como partículas e ondas ao mesmo tempo. E, embora esse debate tenha começado com um fóton, lembre-se de que a dualidade onda-partícula não se limita apenas a eles. Foram feitos experimentos semelhantes com tudo, de nêutrons a átomos e moléculas ainda maiores.[2]

Os cientistas realizaram o experimento de fótons inúmeras vezes desde então, mas também com uma variante. No que ficou conhecido como o experimento "apagador quântico", eles criaram maneiras intencionais de não observar o fóton. Em ambos os casos, eles descobriram que observar a ausência de um fóton tinha o mesmo efeito que observar sua presença.[3] Como nada foi realmente observado e apenas a ausência de observação ocorreu, ficou subentendido que a própria observação era o processo crítico do colapso da função de onda. Como o professor Richard Conn Henry escreveu na revista *Nature*: "A função de onda é colapsada simplesmente pelo fato de sua mente humana não ver nada". Isso o levou a concluir que "O universo é inteiramente mental".[4]

Entrelaçamento quântico no mundo físico

Conforme mencionado no capítulo 3, pesquisadores estão trabalhando ativamente para demonstrar que os princípios quânticos que governam o mundo microscópico também podem ser aplicados ao mundo macroscópico para resultar em uma teoria de tudo. Uma das maneiras pelas quais os cientistas tentam fundir a relatividade geral com a mecânica quântica é usando o conceito de entrelaçamento.

Lembre-se de que quando as partículas estão entrelaçadas umas com as outras elas se comportam como se estivessem conectadas, mesmo que separadas por grandes distâncias — como o universo inteiro. Recentemente, isso foi demonstrado com sucesso por pesquisadores do Brookhaven National Laboratory, da Stony Brook University e da Energy Sciences Network (ESnet) do Departamento de Energia dos EUA (DOE) com fótons entrelaçados separados por 18 quilômetros. Acredita-se que este seja um dos experimentos de entrelaçamento de maior distância já realizados nos Estados Unidos.[5] Em uma escala ainda maior, pesquisadores agora sugerem que o entrelaçamento quântico e os buracos de minhoca cósmicos são os mesmos fenômenos.[6] Normalmente, os físicos descrevem o entrelaçamento quântico existindo apenas entre duas partículas, mas em um artigo recente pesquisadores sugerem que a explicação para o comportamento de partículas subatômicas entrelaçadas é que elas podem estar conectadas por uma espécie de buraco de minhoca quântico. Na verdade, o próprio espaço-tempo pode ser resultado do entrelaçamento quântico. Como os buracos de minhoca são distorções do espaço descritas pela gravitação de Einstein, pesquisadores agora entendem que muitas partículas governadas pela mecânica quântica podem estar entrelaçadas. Além disso, identificar buracos de minhoca — que normalmente só existem na astrofísica — com entrelaçamentos quânticos seria uma ligação confiável entre a relatividade geral e a mecânica quântica.

Sobreposição quântica no mundo físico

Em sua busca por uma teoria de tudo, alguns pesquisadores também têm se concentrado no conceito de sobreposição. Recentemente, uma equipe internacional de cientistas sugeriu que o tempo pode fluir de uma maneira genuinamente quântica.[7] Já sabemos pelas leis da física que a presença de objetos massivos retarda o tempo devido à gravidade. Isso significa que um relógio colocado perto de um objeto massivo funcionará mais devagar em comparação a um relógio idêntico que esteja mais distante. Então, por que esse mesmo efeito não pode existir no mundo quântico microscópico? Por exemplo, como um relógio marcaria o tempo se fosse afetado por um objeto imenso no mundo quântico?

Embora a grande maioria dos físicos espere o contrário, a resposta científica tradicional é que esse cenário não é plausível. Isso porque, no mundo macroscópico governado pela relatividade geral, os eventos são contínuos e sujeitos a causa e efeito, ou seja, cada causa corresponde a um efeito. No mundo microscópico da mecânica quântica, entretanto, as coisas acontecem mais como resultado de probabilidades do que de causa e efeito. Lembre-se da dualidade onda-partícula e da possibilidade de o gato de Schrödinger existir em dois estados diferentes, chamado estado de sobreposição.

O que poderia acontecer se um objeto tão imenso a ponto de sua gravidade distorcer o tempo fosse colocado em um cenário de sobreposição quântica — combinando assim princípios quânticos e leis físicas em um único cenário? Os pesquisadores que chegaram a essa pergunta criaram esse experimento intelectual. Pense em duas naves interestelares em uma missão no espaço: nave 1 e nave 2. Elas foram instruídas a atirar uma contra a outra exatamente no mesmo momento e depois voar em fuga para evitar serem atingidas pelo disparo da outra. Neste momento, elas são consideradas em sobreposição uma com a outra, o que significa que elas existem como probabilidade tanto de serem atingidas como de não serem — ao mesmo tempo.

Agora vamos introduzir a gravidade no experimento. Imagine que um objeto imenso, como um planeta, estivesse mais próximo da nave 1 do que da nave 2. Do ponto de vista da nave 1, o tempo pareceria acelerar para a nave 2 a ponto de seu tempo parecer estar passando mais rapidamente. Lembre-se do exemplo do buraco negro dos capítulos anteriores. Como resultado, a nave 2 — mais distante do planeta — sempre chegará ao momento em que é instruída a disparar suas armas mais rápido que a nave 1. E a nave 1 nunca terá a oportunidade de disparar rápido o suficiente para atingir a nave 2, o que estabelece uma ordem clara de eventos no tempo. A sobreposição das naves, um fenômeno exclusivamente quântico, quando combinada com o efeito da gravidade sobre as naves, um fenômeno exclusivamente físico, deriva da existência simultânea de dois "mundos", pelo menos em teoria, no mundo real.[8] Portanto, embora seja um experimento intelectual e não de uma batalha real no espaço, não se trata de ficção científica.

A consciência causa colapso no mundo físico

Outras pesquisas inovadoras tentaram demonstrar o efeito de nossas intenções no mundo cotidiano para sugerir que a consciência causa colapso em coisas físicas que podemos sentir. Por décadas, a saída de geradores de números aleatórios baseados no *quantum* tem sido usada para determinar se resultados não aleatórios — como o resultado da intenção humana — podem ser comprovados. Os sujeitos a esses tipos de experimentos são instruídos a fazer com que, por exemplo, uma luz em um painel brilhe mais forte do que outra usando seus pensamentos. As luzes, ou qualquer outro sinal usado, seriam geradas aleatoriamente pelo gerador quântico de números aleatórios. Se o pensamento dos sujeitos não tivesse efeito no gerador de números aleatórios, 50% das luzes sempre seriam de uma cor e 50% sempre seriam de outra cor. Em uma meta-análise recente, no entanto, um desvio pequeno, mas uniforme, de acaso foi aferido em todos os estudos, sugerindo que um papel de observação humana intencional pode existir para a matéria física.[9]

Esse corpo de pesquisa é chamado de *micropsicocinese.* Ele tenta medir, usando a física do mundo macroscópico, um fenômeno que se acredita ocorrer apenas no mundo quântico microscópico: a consciência causa o colapso da função de onda. Embora pesquisas como esta continuem a ser publicadas,[10] a comunidade científica em geral não está convencida, mesmo com grandes quantidades de dados de apoio sendo agregados em vários estudos. Esse ceticismo ilustra outro dos maiores problemas da física atual: a aparente diferença entre como os objetos macroscópicos grandes se comportam e como as partículas microscópicas se comportam.

Mas e se o conceito de que a consciência causa colapso for simplesmente outra maneira de descrever a manipulação psicocinética da matéria que os físicos não explicaram completamente? Afinal, essa ideia não é nova. Os seres humanos são fascinados pela possibilidade de uma conexão mente-corpo manifestando-se na realidade física há milênios. Antigas tradições espirituais, assim como a maioria das religiões, mitologias e filosofias do mundo, incorporam aspectos dessa crença. Por exemplo, as tradições espirituais orientais que remontam a milhares de anos, como na China e na Índia, tradicionalmente acreditavam que a mente desempenha um papel essencial na cura do corpo. Essas culturas e muitas outras, como as de Mesopotâmia, Egito, Grécia, Roma e o judaísmo, também acreditavam que a mente humana era capaz de criar ou mudar aspectos da realidade física.

Essas crenças continuaram por séculos até o Renascimento dos séculos XIV e XV. Naquela época, principalmente os filósofos ocidentais começaram a debater se a mente e os fenômenos mentais eram de natureza física ou não. No século XVII, um dos mais famosos desses filósofos, René Descartes, relacionou pela primeira vez a mente com a consciência e o cérebro com o corpo, efetivamente "separando" a mente do cérebro, que era então considerado a fonte física da inteligência. Agora referida como a divisão cartesiana mente-corpo, essa sugestão de que os seres humanos são duais em natureza — uma parte mente e uma parte corpo — persiste como crença dominante na cultura ocidental até hoje. No entanto, em suas próprias reflexões, Descartes escreveu sobre como os resultados do jogo podem ser influenciados pelo humor do jogador.[11] Trezentos anos depois, mais investigações científicas sobre a conexão entre a mente e a matéria usaram lances de dados.[12] Desde então, um grande número de estudos foi realizado para considerar a possibilidade de mudanças induzidas mentalmente em objetos inanimados realizados por humanos, como jogar dados ou moedas — e geradores de números aleatórios.

Paralelamente a experiências e experimentos do mundo real, há outros, teóricos e mais recentes, que indicam que o processo quântico da consciência que causa colapso pode ser outra maneira de descrever a manipulação psicocinética da matéria. Em um estudo, o efeito do observador é descrito como o entrelaçamento quântico entre o observador intencional e o que está sendo observado.[13] Em outro estudo do físico Roger Penrose, a "observação" é transferida do conhecimento inconsciente de algo no mundo quântico em uma experiência consciente de sua precisa existência.[14] Penrose supõe que a consciência não é computacional — o que significa que não pode ser reduzida a uma máquina. Além disso, está além do que até mesmo a neurociência ou a biologia podem explicar. Usando a teoria da computação quântica, no entanto, Penrose teoriza que os pensamentos momentâneos se reúnem no que é conhecido como *coerência quântica,* onde agem juntos em um estado quântico que resulta em consciência. Esses momentos de consciência são possibilitados por conexões especiais no cérebro, creditadas a armazenar e processar informações e memórias.

À medida que essa evidência de que a consciência causa colapso se acumula, não se pode deixar de fazer a pergunta: Em que ponto podemos dizer que a física está provando a existência da própria consciência?

Dado o foco inexorável da ciência em provar uma teoria de tudo e o progresso conquistado até agora, experimentos com coisas cada vez maiores, nos quais as teorias quânticas se sustentam e despertam uma teoria de tudo "teoricamente" viável, parecem inevitáveis.

Apêndice B
Uma compilação de práticas

Crie um estado de percepção concentrada[1]

1. Faça esta prática no escuro, quer seja fechando os olhos, apagando as luzes ou vestindo uma máscara de dormir.
2. Sente-se confortavelmente no chão com as pernas cruzadas à sua frente (na chamada posição de lótus) e descanse as mãos sobre o colo com as palmas para cima. Se essa postura for desconfortável, sente-se em uma pequena almofada com suas pernas dobradas diante de você, ou sente-se contra a parede com as pernas esticadas à sua frente.
3. Perceba sua mente trabalhando: ela está refletindo sobre algo que aconteceu no passado? Está planejando algo para o futuro? Está percebendo algo ao seu redor?
4. Simplesmente permita que os pensamentos aconteçam e venham até você.
5. Volte seu foco para a respiração. Comece respirando pelo nariz e expirando pela boca, exalando duas vezes mais lentamente que a inspiração. Imagine sua expiração na forma de uma fumaça ou névoa saindo de sua boca.
6. Em sua próxima expiração, visualize o numeral 3 diante dos olhos fechados.
7. Na próxima, visualize o numeral 3 mudando para o numeral 2.

8. Na seguinte, visualize o 2 se transformando no número 1.
9. E, na próxima expiração, visualize o numeral 1 se transformar no 0.
10. Permaneça nesse estado de tranquilidade e percepção concentrada por quanto tempo desejar.
11. Quando se sentir pronto, abra os olhos devagar, ou continue com outra prática.

Técnica avançada: Cachorrinhos e gatinhos

1. Quando algum pensamento consciente vier à mente, concentre-se no pensamento.
2. Transforme-o em algo que você ama, como um filhotinho de cachorro ou gato.
3. Intencionalmente, pegue o cachorrinho ou gatinho e o coloque "do lado de fora". Isso causará o efeito de removê-los de sua atenção.
4. Se eles voltarem, simplesmente os coloque para fora outra vez, até que não retornem mais.

Técnica avançada: O que precisa ser feito hoje?

1. Quando estiver nesse estado de percepção concentrada, em vez de abrir os olhos imediatamente, faça a si mesmo uma pergunta para a qual gostaria de saber a resposta, como: *O que precisa ser feito hoje?*
2. Quando tiver recebido a clareza ou a sensação de completitude desejada, abra os olhos lentamente.

Experiencie sua vida antecipadamente

1. Relaxe o mais profundamente que puder, usando a prática "Crie um estado de percepção concentrada".
2. Pense em algo que você realmente gostaria de criar para si. Recomendo escolher algo que beneficie a todos os envolvidos e não fira nem engane nada nem ninguém.
3. Imagine que o que você deseja criar já aconteceu em todos os aspectos: visual, experimental e emocionalmente. Deixe fora de sua mente qualquer explicação sobre como aquilo aconteceu; simplesmente aceite que aquilo já é um fato concluído.
4. Mergulhe fundo nas sensações do que foi criado, assim como no sentimento de alívio ou satisfação que foi atingido. Se tiver dificuldade em sentir que o que você quer já foi criado, imagine-se mergulhando no sentimento como se fosse um lago gigante. Visualize-se se banhando nele para que as sensações permeiem cada célula do seu corpo.
5. Quando estiver pronto, abra lentamente os olhos.

Técnica avançada: Sonhe sua vida daqui a três anos

1. Relaxe o mais profundamente que puder usando a prática "Crie um estado de percepção concentrada".
2. Imagine-se de longe, sentado exatamente como está no momento. Então, imagine que uma bolha o envolve e o eleva acima de onde está sentado, de modo que agora você veja sua casa, prédio de escritórios ou qual seja sua atual localização abaixo de você.
3. Imagine que a bolha começa a se mover para a sua direita,

enquanto você vê a Terra se mover abaixo de você. Continue a imaginar a bolha se movendo até sentir que avançou três anos no futuro. Veja a bolha parar e abaixar você de volta. Observe o seu entorno. Onde você está? O que está fazendo? Quem está com você? Não sinta que você deve criar o que está experimentando; simplesmente perceba. Ao se imaginar a três anos no futuro, você pode ter uma noção do que deseja criar para você e sua vida.

4. Depois que você entender sua vida daqui a três anos, imagine que a bolha novamente o envolve e o leva para cima. Veja a Terra se mover embaixo de você enquanto imagina a bolha agora se movendo para a esquerda. Quando sentir que está a dois anos no futuro — o que significa que voltou no tempo um ano —, imagine a bolha baixando. Você está em sua vida como imagina daqui a dois anos. O que você vê?
5. Veja a bolha novamente à sua volta o levar para cima. Veja a Terra se mover abaixo e imagine a bolha novamente se movendo para a esquerda, desta vez viajando daqui a um ano no futuro. Imagine a bolha baixando para a Terra mais uma vez. O que você vê agora?
6. Finalmente, viaje de volta para o tempo presente exatamente para onde você está sentado. Escreva o que viu, incluindo todos os *insights* do caminho que o farão chegar até lá.

Reverta o passado[2]

1. Relaxe profundamente usando a prática "Crie um estado de percepção concentrada".
2. Quando visualizar o numeral 0 diante de seus olhos fechados, mude o foco para alguma experiência de sua vida que você queira mudar e da qual deseje se livrar. Pode ser uma

experiência menor ou algo mais importante. Se você sentir que há um trauma mais profundo por trás de um evento menor mas não tem certeza do que é, comece com o evento menor.

3. Inicie revivendo as sensações de onde você estava e com quem. Relembre as emoções relacionadas à experiência, como raiva, medo, ressentimento, frustração, tristeza ou ansiedade.
4. Receba as emoções negativas. Mantenha a experiência e as emoções em sua mente como se todas elas estivessem acontecendo novamente nesse exato momento.
5. Agora, dê marcha à ré em tudo o que você sentiu que fosse negativo sobre a experiência para que assim ela seja totalmente resolvida.
6. Permita que todos os problemas e questões dessa experiência se dissolvam de seus pensamentos.
7. Dê um suspiro de alívio e sinta-se totalmente fortalecido pela sensação de que o problema está resolvido.
8. Quando estiver pronto, abra os olhos lentamente.

Técnica avançada: Reverta uma experiência em tempo real

Se você quiser dissolver os efeitos negativos de algo que acabou de vivenciar, basta encontrar um lugar tranquilo para se sentar e reverter em tempo real.

Técnica avançada: Reverta seu dia

1. Ao se deitar na cama para dormir, pense no momento em que você abriu os olhos pela manhã.

2. Repasse seu dia mentalmente, mudando cada experiência para sua melhor versão possível.
3. Faça isso com todas as experiências de que você se lembrar até que tenha revivido o seu dia completamente e se visualize outra vez na cama, pronto para cair no sono.

Técnica avançada: Reverta um sonho

Se você acordar perturbado por um sonho ruim, siga os passos da prática acima e, em vez de reviver vividamente um evento passado, seu sonho. Quando chegar à parte perturbadora, diga a si mesmo *Não foi isso que aconteceu* e, em vez disso, inverta a parte negativa para o melhor resultado possível.

Técnica avançada: Reverta um trauma do passado

1. Se você está experimentando emoções negativas persistentes relacionadas a um cenário específico, sem saber ao certo por quê, e se você está pronto e disposto a trabalhar nas causas mais profundas de suas emoções negativas, comece com a prática "Tenha insights quando precisar" (consulte a página 102).
2. Quando você tiver uma noção da origem de suas emoções negativas, você pode revertê-las usando a prática "Reverta o passado".
3. Ao chegar à parte na qual você visualiza sua situação resolvida, imagine seu eu adulto mais sábio e gentil presente a seu lado na cena.
4. O que foi essencial neste momento para resolver ou curar as

suas emoções negativas? Visualize seu eu adulto fornecendo o que for necessário a você.

5. Sinta todas as emoções positivas em ação, agora que o evento está totalmente resolvido da melhor maneira possível.
6. Complete a prática "Reverta o passado" como descrito acima.

Não deixe o futuro te atrasar

1. Relaxe o mais profundamente que conseguir usando a prática "Crie um estado de percepção concentrada".
2. Quando visualizar o numeral 0 diante de seus olhos fechados, mude o foco para o pensamento amedrontador ou preocupante que você deseja neutralizar e tirar de dentro de si.
3. Comece a vivenciar a plenitude da emoção de medo, imaginando cada detalhe das circunstâncias desagradáveis que resultam em prejuízo para você ou outras pessoas. Se você está vivenciando uma preocupação menor, intensifique o pensamento de preocupante para a experiência extrema de todas as coisas desagradáveis que podem acontecer.
4. Intensifique a emoção de medo até vivenciar a sensação dentro do seu corpo. Mantenha a experiência e as emoções em sua mente, como se todas estivessem acontecendo para você neste exato momento.
5. Agora pare e tome consciência de que o evento nunca aconteceu. Nesse exato instante, você está bem, não há sensação desagradável e você está completamente seguro.
6. Diga para si mesmo: *Ah, não foi isso que aconteceu,* ou *Isso não aconteceu desse jeito.* Permita que os pensamentos e sensações imaginados se dissolvam de sua mente. Você não sabe como nem por quê, mas somente mergulhe na sensação de alívio de

que aquele fato desagradável nunca aconteceu da maneira como imaginou. Sua mente pode discordar, mas simplesmente deixe essa objeção de lado. Se uma objeção surgir novamente, isso é normal. Apenas continue deixando esses pensamentos de lado.

7. Sinta-se totalmente livre do pensamento desagradável, o que pode incluir uma sensação de segurança ou um resultado positivo. Veja a si mesmo dando um suspiro de alívio por descobrir que o fato desagradável nunca aconteceu.
8. Quando estiver pronto, abra os olhos lentamente.

Técnica avançada: O que é verdadeiro?[3]

1. Para neutralizar medos persistentes e recorrentes, pratique esta técnica com um parceiro.
2. Comece com a prática "Crie um estado de percepção concentrada".
3. Abra os olhos e escreva sem rodeios os fatos da situação e pelo menos duas interpretações diferentes desses fatos.
4. Se você está preocupado em perder o emprego, por exemplo, peça ao seu parceiro que comece perguntando: "Então, você acha que vai perder o emprego? O que é verdadeiro?".
5. Responda com o que é verdadeiro, lendo as duas interpretações diferentes.
6. Então seu parceiro lhe perguntará novamente: "O que é verdadeiro?".
7. Você novamente responde com duas interpretações diferentes dos fatos.
8. Continue nesse vai e vem até começar a ver o modo como o seu cérebro talvez estivesse distorcendo os fatos para resultar em interpretações desagradáveis do que realmente poderia acontecer.

9. Você pode acabar descobrindo o que é realmente verdadeiro, o que provavelmente não é tão desagradável como temia.

Estique o tempo

1. Sente-se confortavelmente diante de um relógio e memorize a posição do ponteiro dos segundos.
2. Desvie seus olhos do relógio de forma intermitente o máximo que puder, para a esquerda ou para a direita.
3. Volte várias vezes os olhos diretamente para o mostrador do relógio.
4. Comece a reviver uma memória vívida que seja longa e envolvente, como se estivesse vendo um filme em sua mente.
5. Concentre-se no relógio, e parecerá que o ponteiro dos segundos não se moveu. Em alguns casos, ele se move para trás.

Técnica avançada: Chegue na hora (quando não estiver dirigindo)

1. Olhe suavemente para o relógio como faria uma pessoa desinteressada. Observe o ritmo monótono do movimento do ponteiro ou a mudança dos dígitos.
2. Use sua intenção para desviar os olhos de volta diretamente ao mostrador do relógio.
3. Desvie repetidamente os olhos do relógio para a estrada ou onde quer que você esteja e depois de volta para o mostrador do relógio.
4. Comece a reviver uma memória vívida de chegar ao seu destino pontualmente, como se assistisse a um filme na sua cabeça.
5. Continue a reproduzir esse filme no qual você chega na hora

enquanto estiver viajando rumo ao seu destino, desviando intermitentemente os olhos do relógio para a estrada ou seus arredores.

Técnica avançada: Chegue na hora (dirigindo)

1. Pense nos benefícios de chegar na hora para você e para os outros.
2. Sinta seu desejo positivo de chegar na hora para que todas as partes envolvidas sejam beneficiadas.
3. Então, deixe o desejo ir.
4. Crie um filme em sua mente no qual você chega ao seu destino a tempo, assistindo a todos os resultados positivos disso.
5. Lembre-se de que você tem todo o tempo do mundo para chegar aonde precisa.
6. Imagine o tempo se alongando e mudando à sua volta para dar lugar ao tempo necessário que sua jornada deve levar.
7. Continue a repetir o filme da chegada em sua mente até que você chegue ao seu destino.

Tenha *insights* quando precisar[4]

1. Sente-se confortavelmente onde não será perturbado e sem pressão de tempo. É melhor se você estiver sozinho, embora não seja obrigatório. Também é melhor você fechar os olhos e melhor ainda se estiver no escuro. Nada disso é obrigatório, mas otimiza seu cérebro para ser mais receptivo.
2. Conduza-se para um estado meditativo, usando a prática "Crie um estado de percepção concentrada".
3. Pergunte a si mesmo: *O que eu mesmo sei sobre isso?* Insira o

assunto sobre o qual você deseja saber no final da pergunta, como: *O que eu mesmo sei sobre essa dor na lombar?*

4. Sente-se em silêncio por quanto tempo quiser. Não se preocupe em não obter uma resposta imediatamente, embora sempre surja algum tipo de resposta em nossa mente.
5. Quando um pensamento, ideia, imagem ou resposta vier a você, lembre-se do que é, como, por exemplo: *Sofri um acidente quando tinha dez anos.*
6. Repita a pergunta, desta vez inserindo a resposta no final da mesma pergunta: *O que eu mesmo sei sobre esse acidente que tive aos dez anos?*
7. Aguarde pelo novo pensamento ou resposta e novamente insira esse pensamento ou resposta no final da mesma pergunta.
8. Repita essa sequência de perguntas e respostas até sentir que tem mais informações do que tinha quando começou.

Chegue aos outros rapidamente

1. Comece relaxando com a prática "Crie um estado de percepção concentrada".
2. Traga à mente uma cena vívida do que você quer experimentar como resultado do envio de sua mensagem, como atenderem ao seu telefonema e que seja a voz da pessoa com quem você está tentando falar, ou olhar para sua caixa de entrada de *e-mail* e que o *e-mail* pelo qual você estava esperando tenha chegado.
3. Visualize a pessoa que você quer que receba a sua mensagem. Se você estiver distante do receptor, olhar para uma foto da pessoa pode ser útil antes de começar a visualizá-la.
4. Traga à mente sentimentos que você tem quando interage cara a cara com essa pessoa.

5. Sinta essas emoções como se a pessoa realmente estivesse na sua presença. Concentre-se nesses sentimentos e acredite que você está criando uma conexão com ela.
6. Concentre-se exclusivamente em uma única imagem ou palavra que você quer ouvir ou ler.
7. Visualize-a com o máximo de detalhes possíveis e focalize sua mente apenas nela. Concentre-se em sua aparência, em como seria tocá-la e/ou em como ela faz com que você se sinta.
8. Depois de formar uma clara imagem mental, transmita sua mensagem para a pessoa, imaginando palavras ou objetos viajando de sua mente até a mente do receptor.
9. Visualize-se cara a cara com o receptor e diga "Gato", ou o que quer que você esteja transmitindo.
10. Visualize, em sua mente, o ar de compreensão no rosto do receptor ao entender o que você está lhe dizendo.
11. Agora, tome consciência de que o que você quer que aconteça já aconteceu, completamente, de todas as formas possíveis.
12. Vivencie a sensação de alívio por não haver mais nada a fazer. O que você queria fazer já está totalmente feito. Deixe que essa sensação banhe todo o seu corpo, como se mergulhasse em um lago gigante, cada vez mais e mais fundo.
13. Quando terminar, pare abruptamente e abra os olhos.

Verifique imediatamente o que é mais importante

1. Ao se preparar para esta prática, peça a um assistente ou amigo que recorte de cinco a sete fotos de uma revista — ou que as imprima da internet. Essas fotos devem ser de locais reais que sejam icônicos e familiares, como a Torre Eiffel, o Grand

Canyon ou uma metrópole. Esses serão seus "alvos". Peça que disponham as fotos viradas para baixo em uma pilha dentro de uma caixa fechada ou envelope.

2. Quando estiver pronto para começar, use um papel em branco e uma caneta ou lápis para escrever suas impressões.
3. Relaxe seu corpo o mais profundamente que puder usando a prática "Crie um estado de percepção concentrada".
4. Comece a imaginar como seria estar em algum outro lugar de sua casa ou do lado de fora, se você estiver dentro de casa, ou no quarto, se estiver na sala. Quanto mais relaxado estiver, mais intensamente você será capaz de se concentrar na sensação de estar em outro lugar.
5. Agora imagine-se dentro da caixa ou envelope de fotos, olhando para a pilha de cima para baixo.
6. Vire a primeira foto com sua mente. Extraia somente impressões básicas do que está vendo. Tente perceber o que você acredita ser a imagem mais imponente no alvo: É algo natural ou construído? É algo sobre a terra ou na água? Escreva a primeira coisa que você visualizar.
7. Esboce um desenho do alvo. Leve quanto tempo for necessário para observar as cores e formas do que você vê.
8. Agora imagine-se flutuando sobre o alvo, a vários metros acima dele. Anote em seu papel suas impressões sobre o alvo visto de cima.
9. Escreva um resumo de tudo o que você viu. Inclua qualquer informação que chegar até você com o máximo de detalhes, mas tente não julgar nada. Lembre-se de incluir as informações sensoriais, como cheiro, cores, sabores, temperatura ou formas e padrões borrados. Observe se você sentiu uma reação emocional sobre o alvo.
10. Remova a primeira foto da pilha e compare-a com as suas impressões.

11. Quando estiver pronto, repita esses passos com as outras imagens na pilha.

Use a gravidade metafísica[5]

1. Relaxe o mais profundamente que conseguir com a prática "Crie um estado de percepção concentrada".
2. Focalize sua atenção no centro do coração, no centro de seu peito, e mantenha seu foco ali.
3. Comece a imaginar como é o coração em seu peito enquanto ele bombeia sangue. Continue concentrado até que possa ver ou sentir seu coração físico diretamente à sua frente.
4. Em sua mente, dê a volta até a parte de trás do seu coração até que o veja exatamente diante de você.
5. Procure uma dobra ou fenda em seu coração grande o suficiente para que você possa entrar.
6. Sinta-se chegando cada vez mais perto do local por onde você poderá entrar.
7. Entre na dobra da maneira que lhe parecer mais confortável.
8. Sinta-se caindo até parar subitamente, para que fique em pé dentro de uma câmara minúscula e secreta dentro do seu coração. Veja a luz se você quiser que haja luz ali.
9. Volte sua atenção para sentir o que está acontecendo à sua volta, o movimento e o som.
10. Comece a se lembrar de sentimentos de amor ou gratidão.
11. Expresse esses sentimentos com seu coração visualizando alguém que você ame, tal como o seu cônjuge, um membro da família ou um animal de estimação.
12. Pense em algo que você gostaria que ocorresse para a pessoa amada, como por exemplo conseguir o emprego que deseja,

curar-se de uma doença ou encontrar um novo parceiro para a vida.

13. Mantenha seu foco no centro do coração em seu peito, olhando de cima para baixo com os olhos ainda fechados.
14. Quando se sentir pronto, abra os olhos.

Nunca fique sem tempo

1. Organize-se para começar esta prática de EFC à noite. Prepare um lugar confortável e seguro em sua casa para mais tarde nessa noite.
2. Entre três horas e três horas e meia depois de cair no sono, acorde e vá para o local escolhido anteriormente. Uma poltrona reclinável é o ideal.
3. Recline-se suavemente na poltrona ou sofá, mas não se deite totalmente.
4. Repita as palavras "perder tempo" para si mesmo várias vezes na voz de sua mente para concentrar sua percepção. Continue repetindo as palavras até perder sua atenção consciente.
5. Se você tiver um sonho vívido no qual pareça estar em outro lugar da sala, pense em sair pela porta mais próxima para se distanciar ao máximo do lugar onde adormeceu.

Transcenda o tempo

1. Relaxe profundamente usando a prática "Crie um estado de percepção concentrada".
2. Abra os olhos abruptamente e olhe à sua volta.
3. Pense o seguinte: *Tudo sou eu.*
4. Mantenha esse pensamento pelo tempo que conseguir, mesmo que sua mente lógica comece a reclamar.

5. Quando seus pensamentos começarem a vagar, pense novamente: *Tudo sou eu.* Inclua tudo à sua volta em seu pensamento: a cadeira, o computador, a mesa, o livro — tudo.
6. Veja por quanto tempo você consegue focalizar a sua mente antes que seu cérebro comece a bombardeá-lo com pensamentos que interrompem sua concentração. Use sua vontade para reintroduzir a ideia de que *tudo o que está à sua volta é você.*

Técnica avançada: Aprimorando a experiência

Olhe ao seu redor e imagine que você se vê em todos os lugares para onde olhar. Não há separação. Então imagine que você está se vendo em tudo o que está à sua volta e que você é o criador de tudo. Você pode sentir limites entre você e, por exemplo, a mesa, mas em certo sentido eles são artificiais. Os átomos e partículas subatômicas que compõem o seu corpo e a mesa não são diferentes. Observe mais profundamente sua mão e a mesa e imagine que esses limites não existem.

Notas

Capítulo 1: O tempo como o conhecemos

1. David Deming, "Do Extraordinary Claims Require Extraordinary Evidence?", *Philosophia* 44 (2016): 1319-31.

Capítulo 2: Uma parte física

1. Albert Einstein, "On the Electrodynamics of Moving Bodies" [tradução em inglês do artigo original em alemão de 1905 "Zur Elektrodynamik bewegter Korper", *Annalen der Physik* 322, n. 10 (1905): 891-921], *The Principle of Relativity* (Londres: Methuen and Co., Ltd., 1923), fourmilab.ch/etexts/einstein/specrel/specrel.pdf.
2. Albert Einstein, Relativity: The Special and General Theory: A Popular Exposition, trad. Robert W. Lawson, 3ª ed. (Londres: Methuen and Co., Ltd., 1916); Nola Taylor Redd, "Einstein's Theory of General Relativity" [Teoria da Relatividade Geral de Einstein], Space.com, 7 de novembro de 2017, space.com/17661-theory-general-relativity.html; Gene Kim e Jessica Orwig, "There Are 2 Types of Time Travel and Physics Agree That One of Them Is Possible" [Existem 2 tipos de viagem no tempo e os físicos concordam que um deles é possível], *Business Insider*, 21 de novembro de 2017, businessinsider.com/how-to-time-travel-with-wormholes-2017-11.
3. Clara Moskowitz, "The Higher You Are, the Faster You Age" [Quanto mais alto você está, mais rápido você envelhece], *LiveScience*, 23 de setembro de 2010, livescience.com/8672-higher-faster-age.html.
4. Como exemplo, ver Valtteri Arstila e Dan Lloyd, eds., *Subjective Time: The*

Philosophy, Psychology, and Neuroscience of Temporality [Tempo subjetivo: A filosofia, a psicologia e a neurociência da temporalidade] (Cambridge, MA: MIT Press, 2014).

5. Adrian Bejan, "Why the Days Seem Shorter as We Get Older" [Por que os dias parecem mais curtos à medida que envelhecemos], *European Review* 27, n. 2: 187-94, doi.org/10.1017/S1062798718000741.
6. William Strauss e Neil Howe, *The Fourth Turning: What the Cycles of History Tell Us About Humanity's Next Rendezvous with Destiny* [A quarta revolução: O que os ciclos da História nos dizem sobre o próximo encontro da humanidade com o destino] (Nova York: Broadway Books, 1997), 8-9.
7. A segunda lei da termodinâmica afirma que, quando a energia muda de uma forma para outra, ou quando a matéria se move livremente, a entropia (uma medida de desordem) em um sistema fechado aumenta. O resultado é que as diferenças entre coisas como temperatura, pressão e densidade tendem a se equilibrar com o tempo.
8. A ciência da termodinâmica, também chamada de mecânica estatística.
9. Brian Greene, *Until the End of Time* [Até o fim dos tempos] (Nova York: Knopf, 2020), 23.
10. Greene, *Until the End of Time*, 35.
11. Albert Einstein e Nathan Rosen, "The Particle Problem In the General Theory of Relativity" [O problema das partículas na Teoria Geral da Relatividade], *Physical Review* 48, n. 1 (1935): 73-77, doi.org/10.1103/physrev.48.73; "The Einstein-Rosen Bridge" [A ponte Einstein-Rose], Institute for Interestelar Studies, 11 de janeiro de 2015, i4is.org/einstein-rosen-bridge; Kim e Orwig, "There Are 2 Types of Time Travel and Physics Agree That One of Them Is Possible" [Há 2 tipos de viagem no tempo e físicos concordam que um deles é possível].
12. Werner Heisenberg, *Physics and Pholosophy: The Revolution in Modern Science* [Física e filosofia: A revolução na ciência moderna] (Nova York: Harper & Row, 1958); Roger Penrose, *The Road to Reality* [O caminho para

a relatividade] (Nova York: Vintage, 2004), 523-24; Richard Feynman, *The Feynman Lectures on Physics* [As palestras de Feynman sobre Física], Vol. III, 1-11, feynmanlectures.caltech.edu/III_01.html. Além disso, como prova de algo que pode acontecer de forma plausível, mas que provavelmente levará mais tempo do que a vida útil do universo conhecido, veja o exemplo de Greene do "cérebro Boltzmann", *Until the End of Time*, 297.

Capítulo 3: Uma parte percepção

1. Natalie Wolchover, "What Is a Particle?" [O que é uma partícula?], *Quanta Magazine,* 12 de novembro de 2020, quantamagazine.org/what-is-a-particle-20201112.
2. As partículas subatômicas, também chamadas de partículas elementares, são os menores e mais básicos constituintes da matéria (léptons e *quarks*) ou são combinações destes (hádrons, que consistem em *quarks*) e aqueles que transmitem uma das quatro forças fundamentais da natureza (gravitacional, eletromagnética, forte e fraca).
3. "Partículas subatômicas fundamentais" incluem não apenas matéria, mas também "bósons" — as partículas equivalentes às respectivas forças que afetam a matéria, como o fóton, os bósons vetoriais da força fraca, glúons para a força nuclear forte e grávitons na gravidade. Essas forças podem ser partículas ou "campos" (por exemplo, o campo eletromagnético ou o campo gravitacional), que estão intimamente relacionados às "ondas". As ondas são simplesmente modulações, ou ondulações, em um campo. Por exemplo, um campo eletromagnético de uma antena de transmissão emite radiação eletromagnética, ou ondas, que podem ser captadas por uma antena receptora.
4. O "efeito do observador" é um termo que tem uso mais difundido do que somente na teoria quântica. Por exemplo, ao mensurarmos qualquer coisa, como a calibragem dos pneus ou a tensão elétrica, a medição afeta o parâmetro medido. O termo também é usado na teoria da informação.

5. Conforme citado em J.W.N. Sullivan, "Interviews with Great Scientists" [Entrevistas com grandes cientistas], *The Observer* (Londres, Inglaterra), 25 de janeiro de 1931: 17.
6. "NIST Team Proves 'Spooky Action at a Distance' Is Really Real" [Equipe do NIST prova que "assustadora ação a distância" é realmente verdadeira], National Institute of Standards and Technology (NIST), 10 de novembro de 2015, nist.gov/news-events/news/2015/11/nist-team-proves-spooky-action-distance-really-real; estudo publicado por L.K. Shalm, E. Meyer-Scott, B.G. Christensen, P. Bierhorst, M.A. Wayne, D.R. Hamel, M.J. Stevens, et al., "A Strong Loophole-Free Test of Local Realism" [Um potente teste de realismo local sem redundância], *Physical Review Letters* 115, n. 25 (16 de dezembro de 2015): 250402, doi.org/10.1103/PhysRevLett.115.250402.
7. Graham Hall, "Maxwell's Electromagnetic Theory and Special Relativity" [Teoria eletromagnética e relatividade especial de Maxwell], *Philosophical Transactions of the Royal Society* A 366 (2008): 1849-60, doi.org/10.1098/rsta.2007.2192.
8. "Prêmio Nobel de Física, 1979", *CERN Courier* (dezembro): 395-97, cds.cern.ch/record/1730492/files/vol19-issue9-p395-e.pdf.
9. A *incerteza quântica* descreve o comportamento quântico que não nos permite saber a velocidade e a posição das partículas subatômicas no mundo quântico.
10. Leonard Susskind, "Copenhagen vs. Everett, Teleportation, and ER=EPR" [Copenhagen vs. Everett, Teletransporte e ER=EPR], palestra, 23 de abril de 2016, Cornell University, doi.org/10.1002/prop.201600036.
11. Universidade de Viena, "Quantum Gravity's Tangled Time" [O tempo entrelaçado da gravidade quântica], Phys.org, 22 de agosto de 2019, phys.org/news/2019-08-quantum-gravity-tangled.html.
12. H. Bösch, F. Steinkamp e E. Boller, "Examining Psychokinesis: The Interaction of Human Intention with Random Number Generators — A Meta-Analysis" [Examinando a psicocinese: A interação da intenção

humana com geradores de números aleatórios — Uma meta-análise], *Psychological Bulletin* 132 (2006): 497-523, doi.org/10.1037/0033-2909.132.4.497.

13. "Picturesque Speech and Patter" [Discurso pitoresco e Patter], *Reader's Digest* 40 (abril de 1942): 92. Fonte verificada pelo Quote Investigator, "Men Occasionally Stumble Over the Truth, But They Pick Themselves Up and Hurry Off" [Os homens ocasionalmente tropeçam na verdade, mas eles se recuperam e caem fora], 26 de maio de 2012, quoteinvestigador.com/2012/05/26/stumble-over-truth/.
14. Christopher Chabris e Daniel Simons, "The Invisible Gorilla" [O gorila invisível], acessado em 28 de outubro de 2015, theinvisiblegorilla.com/gorilla_experiment.html.

Capítulo 4: Como o invisível cria o cenário

1. Bonnie Horrigan, "Roger Nelson, PhD: The Global Consciousness Project" [Roger Nelson, PhD: O projeto de consciência global], *EXPLORE* 2, n. 4 (julho/agosto de 2006): 343-51, doi.org/10.1016/j.explore.2006.05.012.
2. William G. Braud, "Distant Mental Influence of Rate of Hemolysis of Human Red Blood Cells" [Influência mental a distância da taxa de hemólise de glóbulos vermelhos humanos], *Journal of the American Society for Psychical Research* 84, n. 1 (janeiro de 1990).
3. William Braud, *Distant Mental Influence: Its Contributions to Science, Consciousness, Healing and Human Interactions* [Influência mental a distância: Sua contribuição para a ciência, a consciência, a cura e nas interações humanas], edição ilustrada (Charlottesville, VA: Hampton Roads Publishing, 2003).
4. Braud, *Distant Mental Influence.*
5. William F. Russell, *Second Wind: The Memoirs of an Opinionated Man* [Second Wind: Memórias de um homem de opinião] (Nova York: Random House, 1979), 156-57.

6. Mihaly Csikszentmihalyi, *Flow: The Psychology of Optimal Experience* [Fluxo: A psicologia da experiência ideal] (Nova York: HarperCollins, 2009).
7. Fred Ovsiew, "The Zeitraffer Phenomenon, Akinetopsia, and the Visual Percpetion of Speed of Motion: A Case Report" [O fenômeno Zeitraffer, acinetopsia e a percepção visual da velocidade do movimento: Um relatório], *Neurocase* 20, n. 3 (junho de 2014): 269-72, doi.org/10.1080/13554794.2013.770877.
8. R. Noyes e R. Kletti, "Despersonalization in Response to Life-Threatening Danger" [Despersonalização em resposta ao perigo de ameaça à vida], *Comprehensive Psychiatry* 18 (1977): 375-84.
9. R. Noyes e R. Kletti, "The Experience of Dying from Falls" [A experiência de morte por quedas], *Omega (Westport)* 3 (1972): 45-52.
10. Chess Stetson, Matthew P. Fiesta e David M. Eagleman, "Does Time Really Slow Down During a Frightening Event?" [O tempo realmente desacelera durante um evento assustador?], *PLOS ONE* 2, n. 12 (2007): e1295, doi.org/10.1371/journal.pone.0001295.
11. Catalin V. Buhusi e Warren H. Meck, "What Makes Us Tick? Funcional and Neutral Mechanisms of Interval Timing" [O que nos faz fortes? Mecanismos funcionais e neurais de tempo de intervalo], *National Review of Neuroscience* 6, n. 10 (outubro de 2005): 755-65, doi.org/10.1038/nrn1764; Sylvie Droit-Volet, Sophie L. Fayolle e Sandrine Gil, "Emotion and Time Perception: Effects of Film-Induced Mood" [Emoção e percepção do tempo: Efeitos de humor induzidos por filmes], *Frontiers in Integrative Neuroscience* 5, n. 33 (agosto de 2011), doi.org/10.3389/fnint.2011.00033.
12. Daniel C. Dennett e Marcel Kinsbourne, "Time and the Observer: The Where and When of Consciousness in the Brain" [O tempo e o observador: O onde e o quando da consciência no cérebro], *Behavioral and Brain Sciences* 15 (1992): 183-247, ase.tufts.edu/cogstud/dennett/papers/Time_and_the_Observer.pdf.
13. Csikszentmihalyi, *Flow.*

Capítulo 5: O estado das ondas cerebrais na percepção concentrada

1. As vias neurais, formadas por neurônios conectados por dendritos, são criadas no cérebro com base em nossos hábitos e comportamentos.
2. Ned Herrmann, "What Is the Funcion of Various Brainwaves?" [Qual é a função das várias ondas cerebrais?], *Scientific American,* 22 de dezembro de 1997, scientificamerican.com/article/what-is-the-function-of-t-1997-12-22/.
3. Um estado de concentração intensa alcançado por meio da meditação. Na ioga hindu, isso é considerado o estágio final da consciência, no qual a união com o divino é alcançada (antes ou na morte).
4. Marc Kaufman, "Meditation Gives Brain a Charge, Study Finds" [Estudo descobre que a meditação gera energia no cérebro], *The Washington Post,* 3 de janeiro de 2005, washingtonpost.com/archive/politics/2005/01/03/meditation-gives-brain-a-charge-study-finds/7edabb07-a035-4b20-aebc-16f4eac43a9e/.
5. Timothy J. Buschman, Eric L. Denovellis, Cinira Diogo, Daniel Bullock e Earl K. Miller, "Synchronous Oscillatory Neural Ensembles for Rules in the Prefrontal Cortex" [Oscilações neurais síncronas seguem regras no córtex pré-frontal], *Neuron* 76, n. 4 (21 de novembro de 2012): 838-46, doi.org/10.1016/j.neuron.2012.09.029.
6. Matthew P.A. Fisher, "Quantum Cognition: The Possibility of Processing with Nuclear *Spins* in the Brain" [Cognição quântica: A possibilidade de processamento com spins nucleares no cérebro], *Annals of Physics* 362 (novembro de 2015): 593-602, doi.org/10.1016/j.aop.2015.08.020.
7. Jonathan O'Callaghan, "'Schrödinger's Bacterium' Could Be a Quantum Biology Milestone" [O "Bacterium de Schrödinger" pode ser um marco da biologia quântica], *Scientific American,* 29 de outubro de 2018, scientificamerican.com/article/schroedingers-bacterium-could-be-a-quantum-biology-milestone/.

Capítulo 6: Meditação

1. Judson A. Brewer, Patrick D. Worhunsky, Jeremy R. Gray, Yi-Yuan Tang, Jochen Weber e Hedy Kober, "Meditation Experience Is Associated with Differences in Default Mode Network Activity and Connectivity" [A experiência de meditação está associada às diferenças na atividade de rede do modo padronizado e à conectividade"], *PNAS* 108, n. 50 (2011): 20254-59, doi.org/10.1073/pnas.1112029108.
2. Eileen Luders, Nicolas Cherbuin e Florian Kurth, "Forever Young(er): Potential Age-Defying Effects of Long-Term Mediation of Grey Matter Atrophy" [Sempre (mais) jovem: Os efeitos potenciais que desafiam a idade da mediação a longo prazo da atrofia da matéria cinzenta], *Frontiers in Psychology* 5, n. 1551 (2015), doi.org/10.3389/fpsyg.2014.01551.
3. O termo "complicado problema da consciência" foi cunhado em 1995 por David Chalmers, um filósofo e cientista cognitivo australiano que pesquisou as filosofias da mente e da linguagem.
4. Roger Penrose recebeu metade do Prêmio Nobel de Física de 2020 pela sua descoberta de que a formação de buracos negros é uma previsão da teoria geral da relatividade.
5. Roger Penrose, *The Emperor's New Mind: Concerning Computers, Minds, and the Laws of Physics* [A nova mente do imperador: Sobre computadores, mentes e as leis da física] (Oxford, Inglaterra: Oxford Landmark Science, 2016).
6. University of Groningen, "Quantum Effects Observed in Photosynthesis" [Efeitos quânticos observados na fotossíntese], *ScienceDaily*, 21 de maio de 2018, sciencedaily.com/releases/2018/05/180521131756.htm. Para o artigo original da revista, veja Erling Thyrhaug, Roel Tempelaar, Marcelo J.P. Alcocer, Karel Žídek, David Bína, Jasper Knoester, Thomas L.C. Jansen e Donatas Zigmantas, "Identification and Characterization of Diverse Coherences in the Fenna-Matthews-Olson Complex" [Identificação e caracterização de coerências diversas no complexo Fenna-Matthews-Olson],

Nature Chemistry 10 (2018): 780-86, doi.org/10.1038/s41557-018-0060-5. Veja também Hamish G. Hiscock, Susannah Worster, Daniel R. Kattnig, Charlotte Steers, Ye Jin, David E. Manolopoulos, Henrik Mouritsen e P.J. Hore, "The Quantum Needle of the Avian Magnetic Compass" [A agulha quântica da bússola magnética aviária], *PNAS* 113, n. 17 (2016): 4634-39, doi.org /10.1073/pnas.1600341113.

7. Essa prática é adaptada de Gerald Epstein, *Encyclopedia of Mental Imagery: Colette Aboulker-Muscat's 2.100 Visualization Exercises for Personal Development, Healing, and Self-Knowledge* [Enciclopédia de imagens mentais: 2.100 exercícios de visualização de Colette Aboulker-Muscat para desenvolvimento pessoal, cura e autoconhecimento], edição ilustrada (Nova York: ACMI Press, 2012).

Capítulo 7: Imaginação

1. Victoria Hazlitt, "Jean Piaget, the Child's Conception of Physical Causality" [Jean Piaget, a concepção infantil de causalidade física], *The Pedagogical Seminary and Journal of Genetic Psychology* 40 (setembro de 2012): 243-249, doi.org/10.1080/08856559.1932.10534224.
2. Marie Buda, Alex Fornito, Zara M. Bergström e Jon S. Simons, "A Specific Brain Structural Basis for Individual Differences in Reality Monitoring" [Uma base estrutural cerebral específica para diferenças individuais no monitoramento da realidade], *Journal of Neuroscience* 31, n. 40 (2011): 14308-13, doi.org/10.1523/JNEUROSCI.3595-11.2011.
3. L. Verdelle Clark, "Effect of Mental Practice on Development of a Certain Motor Skill" [Efeito da prática mental no desenvolvimento de uma certa habilidade motora], *Research Quarterly of the American Association for Health, Physical Education & Recreation* 31 (1960): 56069, psycnet.apa.org/registro/1962-00248-001.
4. "Frequently Asked Questions" [Perguntas frequentes], Program in Placebo

Studies And Therapeutic Encounter [Programa em Estudos Placebo e Encontro Terapêutico] (PiPS), Beth Israel Deaconess Medical Center/ Harvard Medical School, programinplacebostudies.org/about/faq/.

5. Adaptado da obra da autora *best-seller* e palestrante Marcia Wieder.

Capítulo 8: Trauma

1. Roger E. Beaty, Paul Seli e Daniel L. Schacter, "Thinking about Past And Future In Daily Life: An Experience Sampling Study Of Individual Differences In Mental Time Travel" [Pensando sobre o passado e o futuro na vida cotidiana: Um estudo de amostragem de experiências das diferenças individuais em viagem no tempo mental], *Psychological Research* 83, n. 8 (junho de 2019), doi.org/10.1007/s00426-018-1075-7.
2. Norman Doidge, *The Brain That Changes Itself* [O cérebro que se transforma] (Nova York: Penguin, 2008).
3. Zvi Carmeli e Rachel Blass, "The Case Against Neuroplastic Analysis: A Further Illustration of the Irrelevance of Neuroscience to Psychoanalysis Through a Critique of Doidge's The Brain That Changes Itself" [O caso contra a análise neuroplástica: Uma ilustração avançada da irrelevância da neurociência para a psicanálise por meio de uma crítica à afirmação de Doidge de que o cérebro transforma a si mesmo], *International Journal of Psychoanalysis* 94 (2013): 391-410, doi.org/10.1111/1745-8315.12022.
4. Victoria Follette, Kathleen M. Palm e Adria N. Pearson, "Mindfulness and Trauma: Implications for Treatment" [Atenção plena e trauma: Implicações do tratamento], *Journal of Rational-Emotive and Cognitive-Behavior Therapy* 24, n. 1 (março de 2006): 45-61, doi.org/10.1007/s10942-006-0025-2.
5. Yoon-Ho Kim, Rong Yu, Sergei P. Kulik, Yanhua Shih e Marlan O. Scully, "A Delayed 'Choice' Quantum Eraser" [Um apagador quântico para "escolha" retardada], *Physical Review Letters* 84, n. 1 (2000).
6. Vincent Jacques, E. Wu, Frédéric Grosshans, François Treussart, Philippe

Grangier, Alain Aspect e Jean-François Roch, "Experimental Realization of Wheeler's Delayed-Choice Gedanken Experiment" [Realização experimental do experimento Gedanken da escolha retardada de Wheeler], *Science* 315, n. 5814 (fevereiro de 2007): 966-68, doi.org/10.1126/science.1136303.

7. Francesco Vedovato, Costantino Agnesi, Matteo Schiavon, Daniele Dequal, Luca Calderaro, Marco Tomasin, Davide G. Marangon, Andrea Stanco, Vincenza Luceri, Giuseppe Bianco, Giuseppe Vallone e Paolo Villoresi, "Extending Delayed-Choice Experiment to Space" [Estendendo a experiência da escolha retardada de Wheeler para o espaço], *Science Advances* 3, n. 10 (outubro de 2017): e1701180, doi.org/10.1126/sciadv.1701180.
8. Essa prática é adaptada de Gerald Epstein, *Encyclopedia of Mental Imagery: Colette Aboulker-Muscat's 2.100 Visualization Exercises for Personal Development, Healing, and Self-Knowledge* [Enciclopédia de imagens mentais: 2.100 exercícios de visualização de Colette Aboulker-Muscat para desenvolvimento pessoal, cura e autoconhecimento], edição ilustrada (Nova York: ACMI Press, 2012).

Capítulo 9: Preocupação

1. Bambi L. DeLaRosa, Jeffrey S. Spence, Scott K.M. Shakal, Michael A. Motes, Clifford S. Calley, Virginia I. Calley, John Hart Jr. e Michael A. Kraut, "Electrophysiological Spatiotemporal Dynamics During Implicit Visual Threat Processing" [Dinâmica espaço-temporal eletrofisiológica durante o processamento de ameaças visuais implícitas], *Brain and Cognition* 91 (novembro de 2014): 54-61, doi.org/10.1016/j.bandc.2014.08.003.
2. Charles Eisenstein, *The More Beautiful World Our Hearts Know Is Possible* [O mundo mais bonito que nossos corações conhecem é possível] (Berkeley, CA: North Atlantic Books, 2013), 244-47.

Capítulo 10: Foco

1. Carlo Rovelli, *The Order of Time* [A ordem do tempo] (Nova York: Riverhead Books, 2018).
2. Essa descrição também sugere a teoria do universo em blocos, uma teoria filosófica que afirma que o universo é um bloco gigante de todas as coisas que já aconteceram — incluindo o passado, presente e futuro —, que existem de uma só vez e são igualmente reais.

Capítulo 11: Pensamentos

1. Vivien Cumming, "The Other Person That Discovered Evolution, Besides Darwin" [A outra pessoa que descobriu a evolução, além de Darwin], *BBC online*, 7 de novembro de 2016, bbc.com/earth/story/20161104-the-other-person-that-discovered-evolution-besides-darwin.
2. John B. West, "Carl Wilhelm Scheele, the Discoverer of Oxygen, and a Very Productive Chemist" [Carl Wilhelm Scheele, o descobridor do oxigênio e um químico muito produtivo], *American Journal of Physiology: Lung Cellular and Molecular Physiology* 307, n. 11 (dezembro de 2014): L811-6, doi.org/10.1152/ajplung.00223.2014.
3. Stanley I. Sandler e Leslie V. Woodcock, "Historical Observations on Laws of Thermodynamics" [Observações históricas sobre as leis da termodinâmica], *Journal of Chemical & Engineering Data* 55 (2010): 4485-90, doi.org/10.1021/je1006828.
4. "Georges Lemaître, Father of the Big Bang" [Georges Lemaître, o pai do Big Bang], American Museum of Natural History, amnh.org/learn-teach/curriculum-collections/cosmic-horizons-book/georges-lemaitre-big-bang. Extraído de *Cosmic Horizons: Astronomy at the Cutting Edge* [Horizontes cósmicos: Astronomia na vanguarda], Steven Soter e Neil deGrasse Tyson, eds. (Nova York: New Press, 2000).

5. *Proceedings of the American Academy of Arts and Sciences* 74, n. 6 (novembro de 1940): 143-46.
6. Scott Camzine, Jena-Louis Deneubourg, Nigel R. Franks, James Sneyd, Guy Theraula e Eric Bonabeau, *Self-Organization in Biological Systems* [Auto-organização em sistemas biológicos] (Princeton, NJ: Princeton University Press, 2001), 7-14.
7. Na física, o reducionismo divide o mundo em blocos básicos para maior simplicidade, enquanto a emergência busca criar leis simples que surgem da complexidade.
8. Rupert Sheldrake, *A New Science of Life: The Hypothesis of Morphic Resonance* [Uma nova ciência da vida: A hipótese da ressonância mórfica] (Rochester, VT: Park Street Press, 1995).
9. Peter D. Bruza, Zheng Wang e Jerome R. Busemeyer, "Quantum Cognition: A New Theoretical Approach to Psychology" [Cognição quântica: Uma nova abordagem teórica à psicologia], *Trends in Cognitive Science* 19, n. 7 (julho de 2015): 383-93, doi.org/10.1016/j.tics.2015.05.001.
10. Filippo Caruso, "What Is Quantum Biology?" [O que é a biologia quântica?], Lindau Nobel Laureate Meetings, 15 de junho de 2016, lindau-nobel.org/what-is-quantum-biology/.
11. Matthew P.A. Fisher, "Quantum Cognition: The Possibility of Processing with Nuclear *Spins* in the Brain" [Cognição quântica: A possibilidade de processamento com spins nucleares no cérebro], *Annals of Physics* 362 (novembro de 2015): 593-602, doi.org/10.1016/j.aop.2015.08.020.
12. David H. Freedman, "Quantum Consciousness" [Consciência quântica], *Discover*, 1º de junho de 1994, discovermagazine.com/mind/quantum-consciousness.
13. Berit Brogaard, "How Much Brain Tissue Do You Need to Function Normally? [Quanto tecido cerebral você precisa para funcionar normalmente?], *Psychology Today,* 2 de setembro de 2015,

psychologytoday.com/us/blog/the-superhuman-mind/201509/how-much-brain-tissue-do-you-need-function-normally.

14. Essa prática é adaptada de Gerald Epstein, *Encyclopedia of Mental Imagery: Colette Aboulker-Muscat's 2.100 Visualization Exercises for Personal Development, Healing, and Self-Knowledge* [Enciclopédia de imagens mentais: 2.100 exercícios de visualização de Colette Aboulker-Muscat para desenvolvimento pessoal, cura e autoconhecimento], edição ilustrada (Nova York: ACMI Press, 2012).

Capítulo 12: Telepatia

1. Carles Grau, Romuald Ginhoux, Alejandro Riera, Thanh Lam Nguyen, Hubert Chauvat, Michel Berg, Julià L. Amengual, Alvaro Pascual-Leone, Giulio Ruffini, "Conscious Brain-to-Brain Communication in Humans Using Non-Invasive Technologies" [Comunicação consciente cérebro a cérebro em humanos utilizando tecnologias não invasivas], *PLOS ONE* 9, n. 8 (19 de agosto de 2014), doi.org/10.1371/journal.pone.0105225.
2. Ganesan Venkatasubramanian, Peruvumba N. Jayakumar, Hongasandra R. Nagendra, Dindagur Nagaraja, R. Deeptha e Bangalore N. Gangadhar, "Investigating Paranormal Phenomena: Functional Brain Imaging of Telepathy [Investigando fenômenos paranormais: Imagens funcionais do cérebro da telepatia], *International Journal of Yoga* 1, n. 2 (julho a dezembro de 2008): 66-71, ncbi.nlm.nih.gov/pmc/articles/PMC3144613/.
3. Doree Armstrong e Michelle Ma, "Researcher Controls Colleague's Motions in 1st Human Brain-to-Brain Interface" [Pesquisador controla movimentos de colega na primeira interface cérebro a cérebro humano], *UW News*, Universidade de Washington, 27 de agosto de 2013, washington.edu/news/2013/08/27/researcher-controls-colleagues-movements-in-1st-human-brain-to-brain-interface/.
4. Peter Tompkins e Christopher Bird, *The Secret Life of Plants* [A vida secreta das plantas] (Nova York: Harper & Row, 1973). Veja também Tristan

Wang, "The Secret Life of Plants: Understanding Plant Sentience" [A vida secreta das plantas: Entendendo a senciência das plantas] [crítica do livro], *Harvard Science Review* (outono de 2013), harvardsciencereview.files.wordpress.com/2014/01/hsr-fall-2013-final.pdf.

5. C. Marletto, D.M. Coles, T. Farrow e V. Vedral, "Entanglement Between Living Bacteria and Quantized Light Witened by Rabi Splitting" [Entrelaçamento entre bactérias vivas e luz quantizada atenuada pela divisão de Rabi], *Journal of Physics Communication* 2, n. 10 (2018), doi.org/10.1088/2399-6528/aae224.

6. O "teste de Bell" refere-se a um teste no qual os pesquisadores medem as correlações entre as propriedades dos pares de fótons. O momento da medição dos fótons garante que as correlações não possam ser explicadas por processos físicos, como condições preexistentes ou a troca de informações a uma taxa inferior à velocidade da luz. A execução de testes estatísticos dessas correlações é usada para demonstrar que a mecânica quântica está em ação. Esse mesmo fenômeno se aplica a qualquer par de partículas entrelaçadas, não apenas a fótons.

7. Anil Ananthaswamy, "A Classic Quantum Test Could Reveal the Limits of the Human Mind" [Um teste quântico clássico pode revelar os limites da mente humana], *NewScientist*, 19 de maio de 2017, newscientist.com/article/2131874-a-classic-quantum-test-could-reveal-the-limits-of-the-human-mind/.

8. Peter G. Enticott, Hayley A. Kennedy, Nicole J. Rinehart, Bruce J. Tonge, John L. Bradshaw, John R. Taffe, Zafiris J. Daskalakis e Paul B. Fitzgerald, "Mirror Neuron Activity Associated with Social Impairments but Not Age in Autism Spectrum Disorder" [Atividade do neurônio espelho associada a prejuízos sociais — mas não à idade — no transtorno do espectro do autismo], *Biological Psychiatry* 71, n. 5 (março de 2012): 427-33, doi.org/10.1016/j.biopsych.2011.09.001.

9. Venkatasubramanian, et al., "Investigating Paranormal Phenomena: Functional Brain Imaging of Telepathy", 66-71.

Capítulo 13: Supervisão

1. Russell Targ e Harold Puthoff, "Remote Viewing of Natural Targets" [Visão remota de alvos naturais], Stanford Research Institute, apresentada na Conference of Quantum Physics and Parapsychology, Genebra, Suíça, 26 a 27 de agosto de 1974, cia.gov/readingroom/document/cia-rdp96-00787r000500410001-3.
2. Jim Schnabel, *Remote Viewers: The Secret History of America's Psychic Spies* [Observadores remotos: A história secreta dos espiões psíquicos da América] (Nova York: Dell Publishing, 1997), 27.
3. Schnabel, *Remote Viewers,* 310.
4. Gabriel Popkin, "China's Quantum Satellite Achieves 'Spooky Action' at Record Distance" [Satélite quântico da China alcança "assustadora ação" a uma distância recorde], *Science,* 15 de junho de 2017, sciencemag.org/news/2017/06/china-s-quantum-satellite-achieves-spooky-action-record-distance.

Capítulo 14: Amor

1. Jeff Wise, "When Fear Makes Us Superhuman" [Quando o medo nos faz super-humanos], *Scientific American*, 28 de dezembro de 2009, scientificamerican.com/article/extreme-fear-superhuman/. Extraído de Jeff Wise, *Extreme Fear: The Science of Your Mind in Danger* [Medo extremo: A ciência da nossa mente em perigo] (Nova York: Palgrave Macmillan, 2009).
2. Wise, "When Fear Makes Us Superhuman".
3. Meb Keflezighi com Scott Douglas, 26 *Marathons: What I Learned about Faith, Identity, Running, and Life from My Marathon Career* [Maratonas: O que aprendi sobre fé, identidade, corrida e vida em minha carreira de maratonista] (Nova York: Rodale, 2019).
4. Stephen E. Humphrey, Jennifer D. Nahrgang e Frederick P. Morgeson, "Integrating Motivation, Social, and Contextual Work Design Features:

A Meta-Analytic Summary and Theoretical Extension of the Work Design Literature" [Integrando recursos de motivação e trabalho social e contextual: Um resumo meta-analítico e de extensão teórica da literatura de planejamento de trabalho], *Journal of Applied Psychology* 92, n. 5 (2007): 1332-56, doi.org/10.1037/0021-9010.92.5.1332.

5. Gary Zukav, "Love and Gravity" [Amor e gravidade], *HuffPost*, 27 de junho de 2012, huffpost.com/entry/love_b_1457566.
6. Peter D. Bruza, Zheng Wang e Jerome R. Busemeyer, "Quantum Cognition: A New Theoretical Approach to Psychology" [Cognição quântica: Uma nova abordagem teórica à psicologia], *Trends in Cognitive Science* 19, n. 7 (julho de 2015): 383-93, doi.org/10.1016/j.tics.2015.05.001.
7. Sougato Bose, Anupam Mazumdar, Gavin W. Morley, Hendrik Ulbricht, Marko Toroš, Mauro Paternostro, Andrew A. Geraci, Peter F. Barker, M.S. Kim e Gerard Milburn, "A *Spin* Entanglement Witness for Quantum Gravity" [Uma testemunha do spin entrelaçado para a gravidade quântica], *Physical Review Letters* 119, n. 24 (2017): 240401, doi.org/10.1103/PhysRevLett.119.240401.
8. Marcelo Gleiser, *The Simple Beauty of the Unexpected: A Natural Philosopher's Quest for Trout and the Meaning of Everything* [A beleza simples do inesperado: A busca de um filósofo natural por trutas e o significado de tudo] (Líbano, NH: ForeEdge, 2016).
9. Essa prática é adaptada de Drunvalo Melchizedek.

Capítulo 15: Morte

1. Stephan Schwartz, "Crossing the Threshold: Nonlocal Consciousness and the Burden of Proof" [Cruzando o limiar: Consciência não local e o ônus da prova], *EXPLORE: The Journal of Science and Healing* 9, n. 2: 77-81, pubmed.ncbi.nlm.nih.gov/23452708/.

2. Stuart Youngner e Insoo Hyun, "Pig Experiment Challenges Assumptions around Brain Damage in People" [Experimento com porcos desafia suposições sobre danos cerebrais em pessoas], *Nature,* 17 de abril de 2019, nature.com/articles/d41586-019-01169-8.
3. Andra M. Smith e Claude Messier, "Voluntary Out-of-Body Experience: An fMRI Study" [Experiência fora do corpo voluntária: Um estudo de ressonância magnética funcional], *Frontiers in Human Neuroscience* 8 (fevereiro de 2014), doi.org/10.3389/fnhum.2014.00070.
4. University College London, "First Out-of-Body Experience Induced in Laboratory Setting" [Primeira experiência fora do corpo induzida em ambiente laboratorial], Science News, *ScienceDaily,* 24 de agosto de 2007, sciencedaily.com/releases/2007/08/070823141057.htm. Artigo disponível em H. Henrik Ehrsson, "The Experimental Induction of Out-of-Body Experiences" [A indução experimental das experiências fora do corpo], *Science* 317, n. 5841 (2007): 1048, doi.org/10.1126/science.1142175.
5. Christopher French, "Near-Death Experiencees in Cardiac Arrest Survivors" [Experiências de quase morte em sobreviventes de paradas cardíacas], *Progress in Brain Research* 150 (2005): 351-67, doi.org/10.1016/S0079-6123(05)50025-6.
6. Larry Dossey, "Spirituality and Nonlocal Mind: A Necessary Dyad" [Espiritualidade e mente não local: Uma díade necessária], *Spirituality in Clinical Practice* 1, n. 1 (2014): 29-42, doi.org/10.1037/scp0000001.
7. William Buhlman, "The Life-Changing Benefits Reported from Out-of--Body Experiences" [Os benefícios de mudança de vida relatados a partir de experiências fora do corpo], The Monroe Institute, monroeinstitute.org/blogs/blog/the-life-change-benefits-reported-from-out-of-body-experiences, acessado em 20 de fevereiro de 2021.
8. Stephen LaBerge, Kristen LaMarca e Benjamin Baird, "Pre-Sleep Treatments with Galantamine Stimulates Lucid Dreaming: A Double--Blind, Placebo-Controlled, Crossover Study" [Tratamento pré-sono com

galantamina estimula sonhos lúcidos: Um estudo cruzado duplo-cego, controlado por placebo], *PLOS ONE* 13, n. 8 (2018): e0201246, doi.org/10.1371/journal.pone.0201246.

Capítulo 16: Imortalidade

1. Jim B. Tucker, *Return to Life: Extraordinary Cases of Children Who Remembers Past Lives* [De volta à vida: Casos extraordinários de crianças que se lembram de vidas passadas] (Nova York: St. Martin's Press, 2013), 1-12.
2. Robert Lawrence Kuhn, "Forget Space-Time: Information May Create the Cosmos" [Esqueça o espaço-tempo: A informação pode ser a criadora do cosmos], Space.com, 23 de maio de 2015, space.com/29477-did-information-create-the-cosmos.html.
3. Roger Penrose e Stuart Hameroff, "Consciousness in the Universe: Neuroscience, Quantum Space-Time Geometry and Orch OR Theory" [Consciência no universo: Neurociência, geometria de espaço-tempo quântico e a teoria da redução objetiva orquestrada (teoria Orch OR)], *Journal of Cosmology* 14 (2011): 1-17, journalofcosmology.com/Consciousness160.html.
4. Jharana Rani Samal, Arun K. Pati e Anil Kumar, "Experimental Test of the Quantum No-Hiding Theorem" [Teste experimental do teorema quântico não oculto], *Physical Review Letters* 106, n. 8 (2011): 080401, doi.org/10.1103/PhysRevLett.106.080401.
5. Erwin Schrödinger, *What Is Life?* [O que é a vida?] (Cambridge, Reino Unido: Cambridge University Press, 1967, primeira edição 1944). Baseado em palestras proferidas sob os auspícios do Dublin Institute for Advanced Studies no Trinity College, Dublin, fevereiro de 1943.

Apêndice A: Ciência adicional

1. Lembre-se de que o primeiro experimento desse tipo usando luz foi feito por Thomas Young — no mundo da física clássica de 1803. Mais tarde, Clinton Davisson e Lester Germer estenderam o experimento da fenda dupla ao mundo quântico por volta de 1927 usando elétrons, que são partículas quânticas.
2. Markus Arndt, Olaf Nairz, Julian Vos-Andreae, Claudia Keller, Gerbrand van der Zouw e Anton Zeilinger, "Wave-Particle Duality of C60 Molecules" [Dualidade onda-partícula de molécula C60], *Nature* 401 (1999): 680-82, doi.org/10.1038/44348.
3. Brian Greene, *The Fabric of the Cosmos* [O tecido do cosmos] (Nova York: Vintage, 2005), 197-204. Veja também Marlan Scully e Kai Druhl, "Quantum Eraser: A Proposed Photon Correlation Experiment Concerning Observation and 'Delayed Choice' in Quantum Mechanics" [Apagador quântico: Um experimento proposto de correlação de fótons sobre observação e "escolha retardada" na mecânica quântica], *Physical Review A* 25 (1º de abril de 1982): 2208.
4. Richard Conn Henry, "The Mental Universe" [O universo mental], *Nature* (6 de julho de 2005), doi.org/10.1038/436029a.
5. Brookhaven National Laboratory, "Research Team Expands Quantum Network with Successful Long-Distance Entanglement Experiment" [Equipe de pesquisa expande rede quântica com experimento bem-sucedido de entrelaçamento de longa distância], Phys.org, 8 de abril de 2019, phys.org/news/2019-04-team-quantum-network-successful-long-distância.html.
6. Leonard Susskind, "Copenhagen vs. Everett, Teleportation, and ER=EPR" [Copenhagen vs. Everett, teletransporte e ER=EPR], palestra, 23 de abril de 2016, Cornell University, doi.org/10.1002/prop.201600036.
7. Universidade de Viena, "Quantum Gravity's Tangled Time" [O tempo entrelaçado da gravidade quântica], Phys.org, 22 de agosto de 2019, phys.org/news/2019-08-quantum-gravity-tangled.html.

8. Universidade de Viena, "Quantum Gravity's Tangled Time".
9. H. Bösch, F. Steinkamp, E. Boller, "Examining Psychokinesis: The Interaction of Human Intention with Random Number Generators — A Meta-Analysis" [Examinando a psicocinese: A interação da intenção humana com geradores de números aleatórios — Uma meta-análise], *Psychological Bulletin* 132 (2006): 497-523, doi.org/10.1037/0033-2909.132.4.497.
10. D.I. Radin e R.D. Nelson, "Evidence for Consciousness-Related Anomalies in Random Physical Systems" [Evidência de anormalidades relacionadas à consciência em sistemas físicos aleatórios], *Foundations of Physics* 19 (1989): 1499-514, doi.org/10.1007/BF00732509.
11. D. Davidenko, *Ich denke, also Bin Ich: Descartes Ausschweifendes Leben* [Penso, logo existo: a vida em excesso de Descartes] (Frankfurt: Eichborn, 1990).
12. J.B. Rhine, "'Mind over Matter' or the PK Effect" ["Mente sobre matéria" ou o efeito PK], *Journal of American Society for Psychical Research* 38 (1944): 185-201.
13. W. von Lucadou e H. Römer, "Synchronistic Phenomena as Entanglement Correlations in Generalized Quantum Theory" [Fenômenos sincronísticos como correlações de entrelaçamento na teoria quântica generalizada], *Journal of Consciousness Studies* 14 (2007): 50-74.
14. Roger Penrose e Stuart Hameroff, "Consciousness in the Universe: Neuroscience, Quantum Space-Time Geometry and Orch OR Theory" [Consciência no universo: Neurociência, geometria de espaço-tempo quântico e a teoria da redução objetiva orquestrada (teoria Orch OR)], *Journal of Cosmology* 14 (2011): 1-17, journalofcosmology.com/Consciousness160.html.

Apêndice B: Uma compilação de práticas

1. Essa prática é adaptada de Gerald Epstein, *Encyclopedia of Mental Imagery: Colette Aboulker-Muscat's 2.100 Visualization Exercises for Personal*

Development, Healing, and Self-Knowledge [Enciclopédia de imagens mentais: 2.100 exercícios de visualização de Colette Aboulker-Muscat para desenvolvimento pessoal, cura e autoconhecimento], edição ilustrada (Nova York: ACMI Press, 2012).

2. Essa prática é adaptada de Gerald Epstein, *Encyclopedia of Mental Imagery.*
3. Essa prática é adaptada de Charles Eisenstein, *The More Beautiful World Our Hearts Know Is Possible* (Berkeley, CA: North Atlantic Books, 2013), 244-47.
4. Essa prática é adaptada de Gerald Epstein, *Encyclopedia of Mental Imagery.*
5. Essa prática é adaptada de Drunvalo Melchizedek.